环境设计实践创新应用研究

瞿燕花　著

中国海洋大学出版社

·青岛·

图书在版编目(CIP)数据

环境设计实践创新应用研究 / 瞿燕花著. -- 青岛 ：中国海洋大学出版社，2019.6 (2022.8 重印)
ISBN 978-7-5670-2244-7

Ⅰ.①环… Ⅱ.①瞿… Ⅲ.①环境设计-研究 Ⅳ.①TU-856

中国版本图书馆 CIP 数据核字(2019)第 106537 号

出版发行	中国海洋大学出版社		
社　　址	青岛市香港东路 23 号	邮政编码	266071
出 版 人	杨立敏		
网　　址	http://pub.ouc.edu.cn		
责任编辑	邹伟真	电　　话	0532-85902533
印　　刷	北京虎彩文化传播有限公司		
版　　次	2019 年 10 月第 1 版		
印　　次	2022 年 8 月第 2 次印刷		
成品尺寸	170 mm×240 mm		
印　　张	11.75		
字　　数	218 千		
印　　数	501-1100		
定　　价	56.00 元		
订购电话	0532-82032573(传真)		

发现印装质量问题,请致电 18600843040,由印刷厂负责调换。

前　言

　　所谓环境，是指人类赖以生存的周边空间。从活动功能而言，有居住、生产、办公、学习、运动、通讯、交通、休闲等环境。设计，从本质上讲是一种具有功能性、创作思维活动的过程。它可以使人从不同的侧面去认识和理解事物，它不断突破先前的惯性思维方式，从而创造出一种新颖的设计方式。

　　环境设计是随着改革开放的不断深入、经济水平的日益提高而催生的与人民群众生活密切相关的艺术门类。环境设计是指人类在进行组织、改造、利用某一自然环境或人工环境时，根据人类物质功能、精神功能、审美功能的需求，运用各种艺术处理手段和技术手段对其进行的创作表达过程。环境设计是建立在现代科学研究基础之上，研究人与环境之间关系问题的学科，环境艺术设计涵盖了室内空间环境设计、园林景观设计、建筑设计、城市规划等方面的设计内容，是一门实用与艺术相结合的空间艺术。

　　该书是一本专门研究环境设计创新的理论著作，首先阐述了环境设计理论基础、环境设计的原则与内容、环境设计方案的构思与表达及环境设计发展趋势等方面的内容，而后论述了OBE理念与环境设计专业建设、室内空间创意设计创新应用、城市公共空间设计创新应用、文化创意空间设计创新应用、公园环境设计创新应用、广场环境设计创新应用、生态水景观设计创新应用、无障碍建筑环境设计创新应用、环境设施设计创新应用、儿童环境设计创新应用、环境照明设计创新应用及城市高架桥环境设计创新应用等方面的内容。

与已有的同类研究成果相比，该书主要具有以下三大特色。

一是全面性。该书以第三章至第十三章共十一个板块的篇幅，围绕环境设计进行了深入的分析与探讨。内容广博，信息量丰富，以期给新时代的读者更全面、更综合的知识。

二是理论与实践的结合。该书首先阐述了环境设计的理论知识，在此基础上从不同的角度出发结合实践对环境设计进行了深入的论述，能够在一定程度上指导实践。

三是创新性。该书在写作的时候注重运用创新的思维，从更加新颖的角度出发对环境设计进行阐述，比如室内空间设计中的"人性化"应用、杭州历史街区文化创意空间设计、西安城市广场生态设计、创新型城市生态水景观的打造、校园环境设施的信息化设计策略、新医学模式下的儿童医疗环境设计等方面的内容，以期给读者有益的启示。

需要说明的是，环境设计并不止于该书的内容，尤其是其中的某些设计的技巧与方法，还需要人们结合自身实际，灵活运用，唯有如此，才能百尺竿头更进一步！

著者在写作过程中得到了相关领导的支持和鼓励，同时参考和借鉴了有关专家、学者的研究成果，在此表示诚挚的感谢！环境设计是一个系统庞大、内容繁杂，涉及面十分广泛的综合性学科。尽管著者作了很大的努力，但由于水平有限，书中肯定会存在不足和差错之处，真诚希望广大读者给予批评指正。

著　者

2018 年 9 月

目　录

第一章 环境设计概论

环境设计所涉及的学科很广泛，包括建筑学、城市规划学、人类工程学、环境心理学、设计美学、社会学、文学、史学、考古学、宗教学、环境生态学、环境行为学等。它所关注的是人类生活设施和空间环境的设计。本章就对环境设计的基础知识进行论述。

第一节 环境设计理论基础

一、技术生态学

技术生态学包括两个方面的内容：一是环境生态，二是科学技术。技术生态学要求在发展科学技术的同时密切关注生态问题，形成以生态为基础的科学技术观。

科学技术的进步直接促进了社会生产力的提高，推动了人类社会文明的进步，新的科学技术带动了建筑材料、建筑技术等日新月异的发展，并为环境艺术形象的创造提供了多种可能性。辩证地讲，任何事物的发展都具有两重性，技术的进步也同样如此，科技发展的效果也是正负参半。科技的进步解决了人类社会发展的主要问题，同时也带来了生态问题，也就是生态的破坏。生态问题成为人类生存的新的困境之一。

人们要正确处理技术与人文、技术与经济、技术与社会、技术与环境等方面的矛盾关系，因地制宜地确立技术和生态在环境设计中的地位，并适当地调整它们之间的关系，探索其发展趋势，积极、有效地推进技术的发展，以求得最大的经济效益、社会效益和环境效益。

二、环境行为学

环境行为学的研究始于 20 世纪 50 年代，它研究了建筑环境是如何作用于人的行为、性格、感觉、情绪，以及人如何获得空间知觉、领域感等内容。在环境行为学的研究中，美国学者霍尔提出了邻近学理论，指出了不同文化背景下的人生活在不同的感觉世界中，他们对同一个空间，会形成不同的感觉；他们的空间使用方式、领域感、个人空间、秘密感等也各不相同。这就从行为角度否定了国际式风格的千篇一律的处理方法。邻近学是研究人如何无意识地构筑微观空间——在处理日常事务时的人际距离，对住宅及其他建筑空间的组织经营，乃至对城市的设计。

环境心理学涉及了心理学、社会学、地理学、文化人类学、城市规划、建筑学和环境保护等多门学科。这两大学科的研究主体都指向了人，把人作为在物质环境包括城市、建筑和自然环境中的主体，研究其在各种状态和环境中的行为特性等，在当今环境设计的基础理论中具有很高的应用价值和研究价值。

在以人为本的设计关怀下，设计越来越重视对人的心理感受、行为特点的研究，主要从人的感觉、知觉与认知等心理学范畴出发并结合人在环境中的知觉理论来重新认识场所的特性。其中发展出了一些新的观念，例如，从个性上说，承认人在环境中的认识，环境与行为的相互关系，噪声、拥挤和空气对人身心健康的影响；从群体上说，个人与群体的相互关系在空间上的运用；最后，扩大到对整个城市环境的认知以及城市环境的体验、城市外部公共空间活动研究等。

三、环境美学

环境美学把环境科学与美结合起来，是综合生态学、心理学、社会学、建筑学等学科知识而形成的边缘学科。环境美学是随着人类对美的追求，随着人类环境的生态危机出现后，人类对自己的生存环境进行哲学思考而产生的。

人类创造物质成果的过程中所带来的资源匮乏、生态恶化、生存环境的异化以及对人类自身的被压迫，构成了对人类的最大威胁，这种挑战在设计界也同样存在，设计既有经常性的创新与突破，但这种革命又破坏了人们所熟悉的环境和文化传统，而强加给人们所不熟悉的东西。

科技的进步推动人类社会的发展，同时也带来了人类文明的异化。生态环境已被破坏到无以复加的地步，远远地超出了它的自我调节能力。人们生活在钢筋水泥的丛林里，丧失了自然的天性。然而，人们对环境的生物性适应能力是有限度的，而且是改变不了的。越是高度的文明，越是充满了各种矛盾和冲突，人们的需求也越复杂，对自身的生存环境也越重视。人们再也不能继续忍受那种干枯荒芜的生存空间，对自身的生存空间有了更广泛的需求。于是人们回归自然的愿望日益强烈，现代人的怀旧情绪日益增长，使人们对自己生存的环境进行美化、再创造成为必然。认识到既然环境是因人类的经济行为和建设活动而破坏，也必然要通过人类经济行为和建设活动来改善环境，美化环境。环境美学的意义在于它揭示了人类的理想与愿望，这些理想和愿望作为人类生活的目标激励着人们不断地努力和追求。

第二节　环境设计的原则、内容及意义

一、环境设计的原则

环境设计涉及领域较为广泛，不同类型项目的设计手法也有所区别，但就环境艺术的特点和本质而言，其设计须遵循以下原则。

（一）整体设计

在人们的审美活动中，对一个事物或形象的把握，一般是通过对它整体效应的获得，人们对事物的认识过程是从整体到局部，然后再返回到整体，也就是说要认识事物的整体性。在这里，整体可以通过两个关键的词去理解：一是统一，二是自然。在整体的结构中，这二者合为一体。这种结构的特性和各部分在形式和本质上都是一致的，它们的目标就是整体。

环境艺术作为一个系统、整体，是由许多具有不同功能的单元体组成的，每一种单元体在功能语义上都有一定的含义，这众多的功能体巧妙地衔接、组合，形成一个庞杂的体系——有机的整体，这就是环境的整体性。

（二）形式美

环境设计不同于雕塑、绘画、电影和音乐等纯欣赏的艺术，而是一种具有使用功能价值的空间艺术，而且具有各自的时代特征。

环境的形式直接反映其艺术性和风格特征。在设计中应做到人工环境和自然景观的协调组合，注意形式美的原则的运用，如比例与模数，尺度感与空间感，对称与不对称，色彩与质感，统一与对比等。积极探索传统形式的继承运用及其与现代形式的呼应，强调文脉与时空连续性。

（三）可持续发展

环境设计要遵循可持续发展的要求，不仅不可违背生态要求，还要提倡绿色设计来改善生态环境。另外，将生态观念应用到设计中，掌握好各种材料特性及技术特点，根据项目的具体情况选择合适的材料，尽可能做到就地取材，节能环保；充分利用环保技术使环境成为一个可以进行"新陈代谢"的有机体。此外，环境设计还应具有一定的灵活性和适应性，为将来留下可更改和发展的余地。

（四）创新性

环境设计除了要遵循上述设计原则以外，还应当努力创新，打破大江南北千篇一律的局面；深入挖掘不同环境的文化内涵和特点，尝试新的设计语言和表现形式，充分展现出艺术的地域性形成的个性化的艺术特征。

二、环境设计的主要内容

（一）城市规划设计

从广义看，城市设计指对城市社会的空间环境设计，即对城市人工环境的种种建设活动加以优化和调节。城市设计的主要目标是提高人们生存空间的环境质量和生活质量。相对城市规划而言，城市设计比较偏重空间形体艺术和人的知觉心理。不同的社会背景、地域文化传统和时空条件会有不同的城市设计途径和方法。

在环境艺术范畴中，城市设计是指对城市环境的建设发展进行综合的部署，以创造满足城市居民共同生活、工作所需要的安全、健康、便利、舒适的城市环境。在理工科院校中的城市规划是包括了经济学、社会学、地理学等以研究城市、城乡规划与建筑设计的综合性学科，倾向于城市的广义特征；在以艺术院校为代表的文科院校，环境设计学科更关注城市设计的物质内容即对城市社会的空间设计，更倾向于城市设计的狭义特征。

（二）建筑设计

建筑环境设计，是一个时代下一定的社会经济、技术、科学、艺术的综合产物，是物质文化与精神文化相结合的独特艺术。建筑作为一个物质实体，它占有一定的空间，并耸立于一定的环境之中。一个独立的建筑体，其本身必须具有完整的形象，但绝不能不顾周围环境而独善其身。建筑的个体美融于群体美之中，与周围环境相得益彰。比如西方建筑史上著名的意大利威尼斯的"圣马可广场"，历时三个世纪，经过几代建筑师的创作，由于他们遵循了"一切建筑都是从泥土中生长出来的"这一真理，形成了有机联系的建筑空间环境，成为建筑史上最光辉的典范之一。

（三）园林景观设计

园林景观设计指建筑外部的环境设计，包括庭院、街道、公园、广场、桥梁、滨水区域、绿地等外部空间的设计。现代景观设计是针对大众群体，研究城市与自然环境协调发展的学科，包含视觉景观形象、环境生态绿化、大众行为心理三元素，具有规划层面的意义。呈现出城市规划、建筑、维护管理、旅游开发、资源配置、社会文化、农林结合等学科交叉综合的特点。

（四）室内环境设计

室内环境设计，也称室内设计，即以创新的四维空间模式进行的艺术创作，是围绕建筑物内部空间而进行的环境设计。室内设计是根据空间使用性质和所处的环境，运用物质技术手段，创造出功能合理、舒适美观、符合人的生理和心理要求的理想场所的空间设计，旨在使人们在生活、居住、工作的室内环境空间中得到心理、视觉上的和谐与满足。室内设计的关键在于塑造室内空间的总体艺术氛围，从概念到方案，从方案到施工，从平面到空间，从装修到陈设等一系列环节，从而构成一个符合现代功能和审美要求的高度统一的整体。

（五）公共艺术设计

公共艺术设计指在开放性的公共空间中进行的艺术创造与相应的环境设计。这类空间包括街道、公园、广场、车站、机场、公共大厅等室内外公共活动场所。它的设计主体是公共艺术品的创作与陈设，也包括作为城市元素的市政设施设计。

三、环境艺术设计的存在意义

艺术设计的首要目的是通过创造室内外空间环境为人服务，始终把使用和精神两方面的功能放在首位，以满足人和人际活动的需要。

第三节　环境设计方案的构思与表达

一、设计方案的构思

方案构思是方案设计过程中至关重要的一个环节，是借助于形象思维的力量，在设计前期准备和项目分析阶段做好充分工作以后，把分析研究的成果落实为具体的设计方案。由此，完成设计方案从物质需求到思想理念再到物质形象的质的转变。以形象思维为其突出特征的方案构思依赖的是丰富多样的想象力与创造力，它所呈现的思维方式不是单一的、固定不变的，而是开放的、多样的和发散的，是不拘一格的，因而常常也是出乎意料的。一个优秀的环境设计作品给人们带来的感染力乃至震撼力无不始于此。

想象力与创造力不是凭空而来的，除了平时的学习训练外，充分的启发与适度的"刺激"是必不可少的。比如，可以通过多看资料、多画草图等方式来达到刺激思维，促进想象的目的。

形象思维的特点也决定了具体方案构思的切入点必然是多种多样的，并且更是要经过深思熟虑，从更多元化范围的构思渠道，探索与设计项目切题的思路，一般可以从以下几个方面得到启发。

1. 融合自然环境的构思

自然环境的差异对环境设计的影响极大，富有个性特点的自然环境因素如地形、地貌、景观、朝向等均可成为方案构思的启发点和切入点。

在建筑设计方面最著名的例子就是美国建筑师赖特设计的"流水别墅"，它在认识、利用和结合自然环境方面堪称典范。该建筑选址于风景优美的溪水上游，远离公路且有密林环绕，四季溪水潺潺、树木浓密，两岸层层叠叠的巨大岩石构成其独特的地形、地貌特点。赖特在对实地考察后进行了精心的构思，现场优美的自然环境令他灵感迸发，脑海中出现了一个与溪水的音乐感相配合的别墅的模糊印象。建成后的别墅从外观上看，巨大的混凝土挑台从后部的山壁向前方伸出，杏黄色的横向阳台栏板上下左右前后错叠，宽窄厚薄长短参差，产生极为注目的造型。就地取材的毛石墙模拟天然岩层纹理砌筑，宛若天成。四周的林木在建筑的构成之中穿插生长，瀑布山泉顺流而下，自然生态与人工制品浑然一体而交相辉映。

2. 根据功能要求构思

根据功能要求的设计，构思出更圆满、更合理、更富有新意的满足功能需求的作品，一直是设计师所梦寐以求的，把握好功能的需求往往是进行方案构思的主要突破口之一。

在日本公立刘田综合医院康复疗养花园的设计中，由于预算资金有限，必须在构思上下足工夫，以满足复杂的功能要求。设计师就从这片广阔大地的排水系统开始设计，在庭园中央设计一个排水路以提高视觉效果；同时，为了满足医院的使用功能要求特别为轮椅使用者的训练设置了坡道、横向倾斜路、砂石路和交叉路等；使患者能在自然中不厌烦地进行康复的训练；在花园中还设计了被称为"听觉园""嗅觉园"和"视觉园"的圆形露台，上置艺术小品，使病人身处其中能获得美的感受，从而利于他们病情的恢复。

3. 根据地域特征和文化的设计构思

建筑总是处在某一特定环境之中，在建筑设计创作中，反映地域特征也是其主要的构思方法。作为和建筑设计密切相关的环境设计，自然要将这种构思方法贯彻到底。

首先，反映地域特征与文化最直接的设计手法就是继承并发展地方传统风格，着重关注对传统文化中符号的吸取和提炼。

这种注重对地域特征与文化进行重新诠释的作品，表达出的是一种地域性的文脉感，通常采用比较显露直观的设计手法，是要靠人的感悟来体会其中所蕴含的意味。

在上海商城的设计中，美国建筑师波特曼从中国传统园林中汲取营养，完全运用现代的设计手法，将小桥、流水、假山等巧妙地组合在一起，展现出浓郁的中国韵味；同时，在一些细部的构思上还有许多独特之处：中国庭院里朱红色的柱子、斗拱柱头做法，还有拱门、栏杆、门套的应用等，都没有一味地直接沿袭中国传统建筑的符号，而是进行了抽象化的再处理。因此，不仅仍旧能唤起人们对中国传统建筑的联想，而且空间的形式上也充满现代感。

4. 体现独到用材与技术的设计构思

材料与技术是设计师永远关注的主题；同时，独特、新型的材料及技术手段能给设计师带来创作热情，激发无限创作灵感。

位于美国加利福尼亚纳帕山谷的多明莱斯葡萄酒厂的设计，是创造性地使用石材的经典之作。为了适应并利用当地的气候特点，设计师赫尔佐格和德梅隆想使用当地特有的玄武岩作为建筑的表面饰材，以达到白天阻热并吸收太阳热量，晚上将热量释放出来，平衡昼夜温差的设计构思。但是周围能采集的天然石块又比较小，无法直接使用。为此，他们设计了一种金属丝编织的笼子，把小石块填装起来，形成形状规则的"砌块"。根据内部功能不同，金属丝笼的网眼有大小不同的规格，大尺度的可以让光线和风进入室内，中等尺度的用于外墙底部以防止响尾蛇进入，小尺度的用在酒窖的周围，形成密实的遮蔽。这些装载的石头有绿色、黑色等不同颜色，也就和周边景致自然优美地融为一体，增强了建筑与自然环境的协调关系。

另外，需要特别强调的是，在具体的方案设计中，应从多元的角度进行方案的构思，寻求突破口（如同时考虑功能、环境、技术等多个方面）；或者是在不同的设计构思阶段选择不同的侧重点（如在总体布局时从环境方面入手，在平面布局设计时从功能方面入手等）都是最常用、最普遍的构思手段，这样既能保证构思的深入和独到，又可避免构思流于片面或走向极端。

二、环境设计的表达

设计表达同样是环境设计中的一个重要的环节。设计方案的理念、思路、功能、形象都是通过视觉的感官传达给人的大脑，人通过这种直观的感受了解功能的布局，明确装饰的形式，"读懂"方案的内涵。设计方案表达是否充分、是否得体，不仅关系到方案设计的形象效果，而且会影响到方案的社会认可程度。根据目的的不同和所要表达的方式的不同，可以将表达形式分为以下几类。

1. 图纸表达

图纸表达一般会根据设计的不同阶段和内容采取不同的表达方式，主要包括方案草图、手绘效果图、电脑效果图和施工图。

准确地说，施工图绘制是从项目的初期一直延续到项目施工完成的技术性工作。如果说设计草图或效果图可以带有一定的艺术性，其线条、笔触、构图、色调可以在一定程度上反映设计师的绘画功底和艺术修养，那么施工图则强调准确性和规范性。从图幅尺寸、版式、线条类型到标注方式、图例符号等都必须严格遵守制图规范，不能随意发挥和臆造。目前施工图基本上都是用电脑来绘制。

2. 模型表达

这里所说的模型是指环境设计的实体模型，因其具备直观性、实体性、可触摸性、真实性等表现优势，在建筑设计、城市规划、环境设计等专业领域中被广泛使用。

3. 文字表达

文字说明在设计中的作用是解释设计方案，就是将设计理念、功能设置、设备概况等诸多不能完全在图面上表达清楚的内容用文字的形式阐述清楚。

4. 口语表达

口语表达在环境设计中虽然不算是一个最主要的内容，但在现代设计行业竞争中，当同等水准的设计方案呈现在业主面前时，谁更能够把自己的设计理念和设计创新点清楚而流畅地表达给业主，谁能够让业主在最短的时间内理解到自己设计方案的优势所在，谁就更有可能在竞争中获胜，由此可见口语表达的重要性。

第四节　环境设计发展趋势

一、思想层面

（一）可持续发展的生态观

人类所面临的各种由过快发展所带来的影响、破坏，甚至灾难又使我们的环境设计面临严峻的考验。快速的经济发展伴随着大量的资源浪费、环境污染，引发出令人担忧的全球问题，面临资源的枯竭与发展中国家在后工业化时代进一步沦为世界需要的工厂和环境污染之源。为此，国家提出了树立科学发展观和建立资源节约型、环境友好型社会的发展战略。

可持续发展在环境设计中的理念与措施环境设计针对当前人类生存环境恶化、可利用资源进一步耗费的问题应形成其设计理念及相应措施。环境设计在于空间功能的艺术协调，并不一定要创造凌驾于环境之上的人工自然物，重要的是其设计元素既能够满足人们的实际功能需要，又符合人们审美的精神要求，更重视人在环境中的情感调节和控制，使环境真正起到陶冶情操的功能作用。可持续发展观即科学发展观，指既要满足当代人的需要，又不对后代人满足其需要的能力构成危害的发展。持续发展在设计中并不是简单的环保材料与传统材料的互换，也不是对自然的简单模仿，它是一种设计思维的转变，是对生存环境的改善和对环境合理利用的系统的可持续发展的具体实践。在环境设计中必须考虑生态要求和经济要求之间的平衡，合理地选择材料、结构、工艺，在使用过程中尽可能地降低能耗，不产生环境污染和毒副作用，并易于拆卸回收，也就是少量化、再利用和能源再生的三个原则。

在环境艺术中尽量实施简化设计，避免设计的复杂对资源的消耗和占用，增加资源的利用率。简化设计并不等同于简单设计，不等于放弃艺术审美的追求。因此，简化设计即节约资源，同时又满足审美和使用功能，越来越成为评价环境设计作品的重要标准。

我们应进一步加强新材料的开发与应用，使当前先进的信息、生物、纳米等高科技服务于环境设计领域。除了对传统材料和技术的环保改造外，同时也要加强对空中水资源、太阳能、风能的合理开发利用。在环境设计中，以持续发展观贯穿于设计的全过程，将方案的前期规划、方案确定、施工、建成后的使用甚至停止使用后的回收过程作一整体设计构思。在整个过程的每一环节，我们应把环保节能的观念放在优先的位置，处理好人工环境与自然环境的关系。

生态设计观生态化，其内涵是将生态学的原则渗透到人类的全部活动范围中，用人和自然协调发展的观点去思考和认识问题，并根据社会和自然的具体可能性，最优化地处理人和自然的关系。环境设计的生态观要做到无害化、无污染、可循环的设计原则。

工业文明所带来的人工环境是以对自然环境和资源的损耗为代价的，近几十年来人居环境的恶化、资源匮乏和环境事件的频繁发生不能不引起人们的反思。一种文明如果把掠夺和征服自然视为自己的价值取向，那么环境污染与生态危机的出现就是不可避免的。我们不仅要通过现代科学技术的手段来应对，还要突破技术的局限，把环境保护与建立可持续发展的生态文明放在文明转型和价值重铸的大背景中来加以思考。从世界观和价值观的高度寻找环境保护的新支点。在发展当代中国的艺术设计道路上，几年内走过了别人的几个世纪，甚至更长时期的路，从西式古典到西方现代，从国际化思潮到地域性文化，到当今的生态化设计。虽然，很早就有人提出了科学与艺术的结合问题，然而在环境设计领域，我们所能看到的成功地处理好人与生态化设计的范例并不多。

(二) 突出地域特色

在国际化市场和经济的共同作用下，先进形式和技术的借鉴使环境艺术的主流呈现风格趋同的特点。城市面貌的模糊、趋同，产生城市形象的"特色危机"，人们内心渴望拥有自己认同的城市特色。由于人类有从历史文化中追根求源的天性，在业内运用环境艺术整体的、文脉的、个性的设计宗旨来建设城市，以加强城市自信心和凝聚力的呼声越来越高。这也正是环境艺术在思想深度上继续探索的发展道路。生产力发达、文明先进国家的城市建设更是注重这方面的努力。拥有特色优美的城市景观、城市环境设计，管理一套完善的制度，尤其加强对古城的维护是这些城市建设的重点。

所谓建筑的地域特色或者说建筑的地方特色、地区特色，是指一定区域内多数建筑风格的基本风格和总体特征，它为该区域建筑所普遍持有又为其他区域所不具备。作为一种建筑思潮，它包含了各种具有不同价值观念和审美取向的建筑思想或倾向，其共同特点是主张在建筑中应该存在地域特色，并主动地以各种手法去表达建筑的地域特色。关于地域特色保护的问题一直是设计领域敏感的话题，其中，共性的认识是：地域性是建造活动的各要素与地域之间的依存和对应的关系；地域性更多的来自人的文化自觉，而不仅仅是依存于物质因素；地域性是设计的一种基本属性，建筑应该自内而外地表现出更本质、更内在的地域性特征。

从 20 世纪 50 年代的自发到 20 世纪 80 年代的追求，再到 21 世纪的内在自觉，建筑师在地域特色方面的开始追求以冷静、理智的态度关注建筑与所在地区的地域性关联，自觉寻求环境艺术与地域的自然环境、建筑环境在形式层面、技术层面和艺术层面上的结合。

（三）人文设计观

文化是人类在社会历史发展过程中所创造的物质和精神的总和。文化具有地域性、民族性、历史性等特征，它也可以说是人们在生存过程中的一种心理和审美的需求。不同历史时期产生不同的审美需求，居住和生存环境要有一定的精神内涵和时代文化特色，这就是环境中的人文因素。工业文明所带来的现代设计使世界变得越来越相似、文化越来越趋于统一。人们在不断的思索中经历了后现代主义诸多思潮与流派的冲击和洗礼，思维逐渐明晰，在传统中探寻本地与地域设计元素的道路为越来越多的设计师所青睐。一段时期以来，我们的民族图案、文字、书法、印章、绳结、剪纸、年画、脸谱等老祖宗的遗物无一不被重新挖掘而粉墨登场，并因此而造就了许多世人公认的优秀之作。民族优秀文化的继承与发扬，不应仅止于这些符号的表象，而应重在中国传统哲学中朴素而睿智的"天人合一"的宇宙观及"物我一体"的自然观。把老祖宗的博大精深的思想精华结合时代的特点和需要，来解决我们面临的环境危机。

面对全球文化一体化与民族文化、地域文化，传统文明与现代文明的冲突，在继承民族传统与西方文化之间，我们有过许多的徘徊、折中，有对形式、符号等元素的吸收，也有对外来文化的移植、嫁接。其实，一种文明、文化只有在始终保持本土文化主体性的前提下，在宽容、开放的同时对外来文化加以能动地选择与消化吸收，将外来文化中适合我们发展、进步的部分转化为自我文化肌体的有机养分。

日本文化在明治维新时期向西方学习，同时将本族文化继续发扬推进，最终形成当前具有日本特色的设计风格。一个民族文化创新的丧失，意味着这个民族文明的终结。当前，在中国民族传统五千年文化的基础上，吸取人类新的科技成果，创造解决当前人类所面临的生存危机与环境问题的新的设计文化，即和谐的、节约的、生态化的设计文化，必将成为环境设计发展的趋势。

历史文化是前人创造的，文化的生命与延续有赖于今人与后人的继续努力，我们面对不同的生存环境与危机，在不同的历史时代，应有相应的举措，如果不能创造新的文化，将面临发展的危机、民族的衰退。只有结合自身的地域特色、历史传统、现实科技水平及现代社会意识，才能达到创造新的民族文化提升国家科技文化形象的目的，才能解决人类所面临的危机和挑战。

二、实践层面

（一）多方利益团体协作化

虽然目前环境设计是以城市规划为引导、建筑行业牵头的业态形式存在的，但环境设计在实践中越来越表现出解决各方矛盾关系运作协调上的综合优势。

一个设计案例的成熟越来越依赖市场、客户、使用者几方面综合平衡的价值观，这就需要依靠市场运作的相关知识和实践进行市场调查、市场分析、市场营销、设计的组织管理及前期策划、中期创意、后期评价等完整的商业化运行模式，主导我们做出正确的、冷静的决策去观察和分析，使设计专业越来越具备商业化的特性。设计行业越来越频繁地和商业机构产生交流，探讨设计对未来环境所产生的影响。特别是商业空间、复合空间等综合性的项目，更需要设计师具备商业的、规划性的头脑和智慧。设计学科不是阳春白雪的孤芳自赏，而是和社会、生活、生产、经济发生联系的应用型学科。作为国民经济的重要组成部分，不仅为城市居民改善生活品质服务、改善城市面貌，更为城市发展提供新的机会。

社会发展的开放性特征使环境设计实践中介入了多个利益团体，他们的并存使得这一领域热闹而纷杂：政府向往着为城市做出更大的业绩，开发商追求着最大的资本剩余价值，施工方要权衡技术支出与成本，群众则期待着最大限度地提高环境质量。设计师周旋于各种团体之间，做着不同价值的取舍。不同机构对城市开发通常有不同的理解。调控的重点是公共和私人机构的平衡，这引发私人机构行为控制或控制力度的思考，继而引发出对环境设计的目标问题：为谁的利益服务？是私人利益的最大化，还是公共整体利益？事实上，每一个机构都需要依靠其他机构来实现目标，他们的作用应该是互补的而不是敌对的。从设计内部运行规律来看，它的发展趋势多为利益团体共同合作。从外部的市场需求来看，这也是信息社会不可回避的主流（不同职能部门和机构的差异见表1-1）。

不同职能部门和机构的价值取向与运转模式不同说明了环境设计的多面性、多维性。在未来，它更需要各综合权衡方为共同统一的目标配合、协作，而不只是设计师单方面的努力。

表 1-1 不同职能部门和机构的差异

公共部门的目标	私人机构的目标
增强点税收基础的开发	丰厚的投资回报，同时考虑承担的风险和资金的流动性
在它的管辖区域内增加长期投资机会	（利润空白点）
改善现在环境，或者创造一个新的优质环境	任何时候任何地方产生的投资机会
能创造和提供地方工作机会，产生社会效益的开发	支持某种开发的环境，一旦进行投资，环境因素不会降低它的资产价值
寻找机会以支持公共机构服务	基于地方购买和市场成熟度的投资决策
满足地方需求的开发	关注成本以及提供开发资金的可能性

（二）技术更新科技化

专业的互补与交叉体现在艺术性和技术性的界限越来越模糊。环境设计内在的功能要求和外在的形态变化也让设计师与工程师之间的配合、交流更加频繁。

环境艺术在各个领域都在呼吁技术的更新和应用：室内领域在推广系统信息化，将人一切活动所需的最佳状态数据化；建筑领域在实施智能化管理，零浪费的资源可循环设计；景观设计也在借助高科技遥感预测景观，甚至能帮助我们计算景观的美学价值（景观美感数量化），等等。技术确实给人们带来了许多便利，并且在将来，人们仿佛要更多地依靠科技进步来解决设计和生活中的诸多问题。

中国的建筑发展实践证明，设计主流建筑文化在技术观念方面的变革，依赖于科学技术生产力。但同时也依赖于对设计风格、形态的进一步认识，明白技术的含义并不是给设计对象带上高科技的帽子，也不是无缘无故地追加设计成本，而是带着根本的对设计对象的认识和相关条件的综合分析所采用最为得体的技术手段。人类不是技术的奴隶，而是能动地主宰技术的主体；设计结果并不是一味地追加着技术含量而忽略设计本身的价值。

另外，各种代表新技术生产力的产品、材料越来越快的更替，各种新产品的发布、宣传和交流展示成为设计师必须了解的行业内的前沿信息。

（三）设计人性化

环境设计包含了两个重要的因素：视觉服务性和实用服务性。视觉服务性是环境设计的宗旨，实用服务性是环境设计的目的。

我们应该清楚地认识到，人是环境艺术的最终享受者，环境设计其实就是为了人类自身。设计师应当广泛了解大众对于环境艺术的需求与心声，创作出符合人的生理与心理的、符合物质与精神需求的艺术作品。这样的设计发展趋势也正代表着人类在环境设计上的不断进步，也代表着人类开始注重"以人为本"，更加深入了解人的本质，最终给人带来视觉上的艺术美感受，让人们感受到更人性化的环境服务。

第二章　OBE 理念与环境设计专业建设

在教育形势不断发展变化的情况下，对于环境设计专业的教学而言，就需要采取更加高效的教学理念进行教学活动。OBE 教学理念具有先进性，对于环境设计专业教学能够起到显著的推动作用。本章主要阐述了 OBE 教育理念、基于 OBE 理念的培养方案修订思路及 OBE 教学理念在《环境设计专业导论》中的实践应用。

第一节　OBE 教育理念

一、OBE 理念简介

所谓的 OBE 教学理念，其英文全称是 Outcome-basededucation，一般可以翻译为能力导向教育、需求导向教育或是目标导向教育。这一教学理念早在20 世纪就已经提出，并在北美地区得到了较为广泛的应用。具体来说，OBE理念是一种以生为本的教学理念，在教学中关注学生接受教育后能够获得什么能力，以及能够做什么，这正是我国教育所缺乏的。因此，便需要将 OBE 教学理念渗透到教学活动之中，促进教学效率的不断提升。

二、OBE 与传统教学的关系

OBE 与传统教学的关系见表 2-1。

表 2-1　OBE 与传统教学的关系

基于 OBE 的教学	传统教学
关注 Output：学习成果、如何取得学习成果、如何评估学习成果	关注 Input：教学内容、学习的时间、学分、学习的过程
以学生为中心，主动学习，以学生不断反馈为驱动，强调学习结果，教学和学习过程可持续改进	以教师、教科书为中心，以教师的个性为驱动，强调教师希望的学习内容，缺乏连续性
多种评估、持续评估	以考试、分数为评估
基于学习结果，经过预评估，实现学分互认，可以在多个专业领域、不同学校间学习，增加辅修计划、交换生的灵活性	学生只能在一个学校、一个专业领域学习
基于产出（关注学的怎么样）对学生的培养目标与毕业要求是否明确，设定的目标与要求是否达成	基于投入+过程（关注教得怎么样）经费投入、师资队伍、办学条件情况教学实施过程、教学管理机制
基于产出（需求决定内容）教学的目的是使得毕业生达到一定的能力要求，教学计划要明确反映对毕业要求的支撑，上"好"课就是有效地完成相应的"支撑"任务逐项评估毕业要求是否达成	基于课程（内容决定内容）教学计划的核心是确定要上哪些课程，而确定这些课程的根据是对该学科的"理解"，教学实施过程是安排上"好"每门课教学评估是评价每门课上得效果如何

三、OBE 理念的核心

（一）以学生为中心

（1）教学设计以学生知识、能力、素质达到既定标准而设计。

（2）师资、课程等教学资源配置以保证学生学习目标达成为导向。

（3）质量保障与评价以学生学习结果为唯一标准。

（二）产出导向

产出导向图如图 2-1 所示。

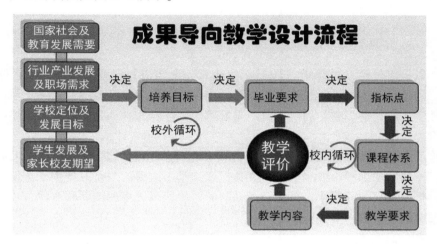

图 2-1　产出导向图

（三）持续改进

1. 对培养目标、毕业要求、教学环节都要进行评价
2. 每一个教学参与者都要进行评价
3. 建立评价的机制和周期
4. 评价结果必须用于改进

四、OBE 实施的基本原则

首先，需要突出学生的主体地位。OBE 理念本身就是将学生作为主体，所以在应用这一理念进行教学的时候，自然需要将学生的主体地位凸显出来。如果不能突出学生的主体地位，那么教学效果必然受到影响。

第二，以教学目标决定教学活动。在 OBE 教学理念，要明确应该对学生哪些方面的能力进行培养，以此确定教学目标，然后再以教学目标倒推指导教学活动的开展。

第三，要关注评价反馈。在 OBE 教学理念下，需要对学生专业知识以外的其他能力进行培养，而这些能力单纯依靠卷面考试是无法进行有效评价的。所以，需要对这方面加强关注、创新评价方式、做好反馈，以此为基础改进教学，促进教学效果不断提升。

第二节　基于 OBE 理念的培养方案修订思路

一、贯彻反向设计方法

以最终目标（最终学习成果）为起点，反向进行课程设计，开展教学活动。课程与教学设计从最终学习成果反向设计，以确定所有迈向最终学习成果的教学的适切性。教学的出发点不是教师想要教什么，而是最终学习成果需要什么。

反向设计要掌握两个原则：一是要从学生期望达成的最终学习成果来反推，不断增加课程难度来引导学生达成最终学习成果；二是应聚焦于重要、基础、核心和高峰的成果，排除不太必要的课程或以更重要的课程取代，才能有效地协助学生成功学习。

二、明确"三对关系"

（一）培养目标与毕业要求

培养目标是对毕业生在毕业五年左右能够达到的职业和专业成就的总体描述。培养目标是专业人才培养的总纲，它是构建专业知识结构形成课程体系和开展教学活动的基本依据。

培养目标必须明确对人才发展成就的五年后瞻望，即希望培养的人才五年后的发展状况。

（二）毕业要求与教学环节（课程）

毕业要求（或毕业生能力）是对学生毕业时所应该掌握的知识和能力的具体描述，包括学生通过本专业学习所掌握的技能、知识和能力，是学生完成学业时应该取得的学习成果。

毕业要求必须在人才培养方案上清晰、具体地表述，要全面反映人才培养的目标和标准。

（三）毕业要求与课程教学内容

明确每门课程教学在实现培养目标和达到培养要求中的作用，使每门课程与培养目标和培养要求直接联系起来；使老师清楚"为什么教"，学生明白

"为什么学"。

研究课程与课程之间的关系，分析各门课程知识点之间是互补、深化关系，还是简单重复关系，以重组和优化课程教学内容见表2-2。

表2-2　毕业要求与课程教学内容

毕业要求 \ 课程学习结果	课程1	课程2	课程3	课程4	课程5
知识	√				√
能力		√		√	√
素质			√	√	

三、抓住"五个关键步骤"

（一）广泛开展需求调查（广泛性）

1. 国家社会及教育发展需求
2. 行业产业及职场发展需求
3. 学校定位及发展目标考量
4. 学生发展及家长校友期望
5. 国内外同专业发展的现状
最后形成详细的调研论证报告。

（二）明确人才培养目标（前瞻性）

制定依据：外部需求，包括国家、社会和学生的要求与期望；内部需求，包括学校办学定位、人才培养定位及培养质量追求。

参与人员主要是毕业生、用人单位、学校管理者、教师和学生。

（三）清晰学生毕业要求（具体性）

1. 毕业要求的制定的原则
（1）反映专业的特点，与本专业学科的培养目标一致。
（2）反映综合知识—能力—素质（态度）各方面要求。
（3）具体、详细、可操作、可测量。

2. 毕业要求的内容

（1）基础知识、专业掌握及应用。

基础知识：自然科学基本原理的应用，人文、社会科学知识素养；

专业知识：广、深、厚学科专业知识的掌握及应用。

（2）个人素质、职业能力：主动性、变通能力、创新能力、抗挫折能力、拓展知识、终身学习能力、有效时间管理能力，推理和解决问题的能力，收集、调查、实验和分析信息，思维能力的掌握及应用，展示良好的职业道德。

（3）人际能力：领导能力、有效的团队工作能力、有效的交流能力。

（4）未来在企业、社会中的作为或表现能力。

多学科、多角度、全球化角度、文化历史背景、可持续发展、当代价值观考虑问题理解、融入企业文化；

综合知识—能力—素质，为社会、企业创造价值（包括开发过程、设计过程、建造制造过程、管理运营过程等全系统方面创造价值的能力）。

（四）理清人才培养标准（覆盖性）

专业培养标准：反映毕业要求的主题内容、特征表述、实施准则及掌握的水平程度。

（1）对毕业要求的特征进行具体、详细、可操作、可测量的表述。

（2）通过某种教学分类法，将学习结果量化成学生要达到的水平及应具备的程度。

（3）形成实施准则，在课程计划设计、教学环节实践及评估系统中应用。

（五）理顺课程结构支撑（适切性）

1. 课程体系设计要求

（1）课程（包括所有培养环节）设置以有效实现培养目标为核心。

（2）以学生为中心，适应学生发展，兼顾学科的系统性，均匀安排学生学习负担。

（3）清晰体现专业培养目标的实现脉络。

（4）前瞻性（考虑 E-learning）发展要求。

2. 课程体系设计基本原则

（1）以达到专业培养标准所规定的学生学习效果（intended learning outcomes）为目标，保证专业培养标准所规定的学习效果得到明确的落实（学习目标的可追溯性）。

（2）以学生为中心，以适应学生成长路径为主线，保证培养效果的切实实现（培养方案的适应性）。

（3）以明确的教学理念（education philosophy）为指导，保证学生的知识与能力的一体化发展（培养过程的科学性）。

四、环境设计专业的培养方案

（一）专业基本信息

专业代码：130503。

中文专业名称：环境设计。

英文专业名称：Environmental Design。

修业年限：四年。

授予学位：艺术学学士。

专业集群：服务城市类。

专业优势与特色：本专业以城市文化创意空间设计为定位，将创意策划与设计实践贯穿于整个课程体系，专业定位符合国家"一带一路"文化创意产业发展趋势，体现出城市性、创意性、文化性。采用主体模块化教学，实行工作室分流培养，依托学院现有设计专业集群，各创意空间实验室相互支撑，师生团队积极参与社会实践项目，服务地方经济。

（二）培养目标

本专业培养符合未来城市文化创意空间设计发展的专业人才，以"助理设计师"为培养目标，具有较好的城市文化创意空间设计能力，综合设计表现、项目规划能力，能在室内空间创意设计、城市公共空间创意设计、文化创意空间设计等领域协助设计师完成设计方案的专业人才。学生毕业后可到相关设计公司参加工作，在工作岗位中可胜任助理设计师岗位，毕业五年后可胜任项目负责人。

环境设计专业的毕业生应达到：

培养目标 1：通过造型基础课程，使学生掌握基础设计知识，熟练掌握相关设计软件。

培养目标 2：通过专业基础课程，掌握相关设计规范标准、方案构思及手绘表达能力。

培养目标 3：通过专业核心课程，有一定艺术修养和审美能力，熟悉设计任务流程，能够独立完成设计方案，具备文化创意思维、设计文案准确表达、设计成果汇报交流能力。

培养目标4：通过专业拓展课及设计专题课程的学习，使学生具有较强的敬业精神和责任心，具备团队合作与综合协调能力。

（三）毕业要求

毕业要求见表2-3。

表2-3　毕业要求

	毕业要求	二级指标
行业规范	1. 掌握室内设计、景观设计相关规范标准	1.1 企业和社会背景环境★
		1.2 企业与商业环境
		1.3 行业和社会背景认知
岗位要求	2. 掌握手绘表达、CAD 制图及三维软件表现技能，掌握室内设计和景观设计理论知识，熟悉环境设计工作流程，具备设计文案撰写能力	2.1 环境设计科学知识
		2.2 环境设计专业学科基础知识
		2.3 环境设计专业核心知识
		2.4 环境设计专业相关知识
		2.5 方案设计构思
		2.6 方案设计过程
		2.7 设计思维与方法
		2.8 设计表现能力★
团队协作	3. 具备团队精神与协作意识	3.1 设计团队协作★
		3.2 设计交流沟通
		3.3 团队工作
人文素养	4. 达到通识课程考核标准，掌握设计史和艺术史论相关知识，具备文化创意创新能力	4.1 环境设计基础科学知识
		4.2 自然科学知识
		4.3 人文社科知识
		4.4 以商业为中心的创新设计
		4.5 设计思维创新与拓展★

注：核心能力用"★"标注。

（四）培养目标实现矩阵。

培养目标实现矩阵见表2-4。

表 2-4 培养目标实现矩阵表 (一级矩阵)

培养标准 (毕业要求) ＼ 培养目标	培养目标 1	培养目标 2	培养目标 3	培养目标 4
1.1 企业和社会背景环境 ★		√		
1.2 企业与商业环境		√		
1.3 外部和社会背景认知		√		
2.1 环境设计科学知识	√			
2.2 环境设计专业学科基础知识	√			
2.3 环境设计专业核心知识	√		√	
2.4 环境设计专业相关知识	√		√	
2.5 方案设计构思			√	
2.6 方案设计过程			√	
2.7 设计思维与方法			√	
2.8 设计表现能力 ★			√	
3.1 设计团队协作 ★				√
3.2 设计交流沟通				√
3.3 团队工作				√
4.1 环境设计基础科学知识	√	√		
4.2 自然科学知识				
4.3 人文社科知识			√	
4.4 以商业为中心的创新设计				
4.5 设计思维创新与拓展 ★		√		

（五）教学活动时间安排

教学活动时间安排见表 2-5。

表2-5　教学活动时间安排表　　　　　　　（单位：周）

项目 学期		教学				军事训练 入学教育 毕业教育	社会 实践	机动 时间	假期	共计
		课堂 教学	复习 考试	专业 实践	科学 研究					
1	1	16	2	0	0	2+（1）	2		10	52
	2	16	2	2	0		2		10	52
2	3	18	2	0	0		2		10	52
	4	18	2	0	0					
3	5	16	2	2	0		2		10	52
	6	18	2	0	0					
4	7	0	2	12	6+（3）	2	1	5	5	47
	8	0	0	12	2					
合　计		102	14	28	8+（3）	4+（1）	7	5	35	203

（六）课程体系构成及毕业学分最低要求

课程体系构成及毕业学分最低要求见表2-6。

表2-6　课程体系构成及毕业学分最低要求

课程平台及学分比例	课　程　模　块		学分数
通识教育课程 平台（29.94%	Ⅰ （公共必修）	政治理论课程	16
		大学英语课程	12
		大学体育课程	4
		信息技术课程	3
		军事理论及训练	2
		创新创业及就业指导	4
	Ⅱ （公共选修）	文史经典与文化传承	本专业公共选修要求开设学期为第2~6学期，最低修读学分为6学分
		哲学智慧与批判性思维	
		文明对话与世界视野	
		社会研究与当代中国	
		科学探索与技术创新+ 生态环境与生命关怀	
		城市发展与城市生活	
		职业发展与专业提升	
	小　计		47

续表

课程平台及学分比例	课程模块		学分数
学科基础课程 平台（14.65%）	相关学科基础课程		9
	本学科基础课程		14
	小　计		23
专业课程平台 （32.48%）	核心课程		43
	专业任选课程		8
	小　计		51
实践环节平台（22.93%） （不含课含实践所占的 15.61%，合计38.54%）	课程实践	课含实践	课含实践 24.5 分不 计入总学分
		独立实践（军事理论、训练）课程	
	专业实践	专业认知	4
		企业实习	12
		毕业课题实践	12
	科学研究	毕业论文	2
		毕业设计	6
	小　计		36
总　计			157

1. 主要专业核心课程

主要专业核心课程包括室内设计原理、当代艺术与空间创意、城市公共空间设计、文化产业创意与策划、文化创意产业与城市更新、设计专题。

2. 环境设计专业课程体系

环境设计专业课程体系如图 2-2 所示。

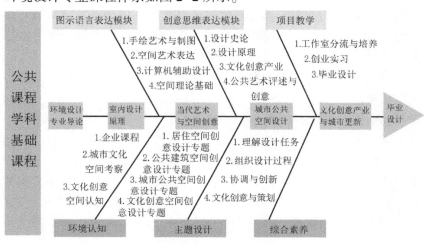

图 2-2　环境设计专业课程体系

（七）实践教学（表2-7）

实践环节统计表见表2-7。

表2-7　实践环节统计表

	实践环节	学时*	学时比例*	备注
课程实践	课含实践	667	19.89%	校外或校内外结合
综合实践	专业认知	128	3.82%	校外
	专业实习	384	11.45%	校外
	毕业课题实践	384	11.45%	校外或校内外结合
	毕业论文	64	1.91%	校内
	毕业设计	192	5.72%	校外或校内外结合
	创新创业教育	128	3.82%	校外或校内外结合
合计		1947	58.05%	

第三节　OBE 教学理念在《环境设计专业导论》中的实践

一、基于 OBE 理念构建教学目标体系

要将 OBE 理念全面落实到《环境设计专业导论》当中，那么就需要基于 OBE 理念，构建一个完善的教学目标体系，以此实现对教学活动的指导和规范。具体来说，可以建立一个三级目标体系。

（1）第一级目标：培养学生的专业设计知识，提高学生的团队能力，加强学生的职业能力。这一级的三个目标是高层次目标，也可以说是总体目标，对教学活动起到整体性的把控。

（2）第二级目标：第二级目标就是对第一级目标做出的更加细致的划分。比如在专业设计知识这个方面，就需要学生掌握基本的设计理论、掌握设计方法、掌握相关设计工具的使用技巧等等。而在团队能力方面，则需要培养学生的合作意识、协调能力等。而在职业能力方面，则需要关注学生的实践能力、职业道德等素养的培养。

（3）第三级目标：第三级目标就是立足教学实际，对每堂课进行教学目

标的设计，这就需要教师结合实际的教学安排来进行设立。

在 OBE 理念下构建一个三级教学目标体系，便可以对《环境设计专业导论》教学实现全面的指引，使其有效展开。

二、立足 OBE 理念以生为本展开教学

OBE 理念强调了学生的主体地位，所以在教学中，就需要以生为本进行教学。具体而言，在进行教学的过程中，教师可以对教学方法进行创新，在 OBE 理念设计能够提高学生学习主动性的教学模式。比如，可以采取合作探究法进行教学，给学生设计一个环境设计的主题任务，引导学生分成不同的小组来完成探究设计。通过这样一个过程，学生就占据了主体地位，通过合作探究，不仅对相关的专业知识实现了理解掌握，同时也锻炼了自身的合作能力。再比如，可以采取情境构建的模式教学，结合职业实际设计一个情境，引导学生融入情境之中进行体验感受，运用所学知识来解决问题，这样也能够增加学生的主动性，并且培养学生的职业素养。

三、做好教学评价反馈不断优化教学

在 OBE 教学理念下，还需要关注教学评价反馈，了解学生能力的形成水平。所以，在教学中，每隔一段时间，就应该对学生的团队能力、职业素养等方面进行评价。在评价之后，总结出学生发展比较好的方面，同时指出学生发展不是很好的方面，然后从不好的方面出发，对教学活动进行反思，对后续教学活动做出优化。对好的方面进一步加强，对不好的方面做出改进创新，从而在 OBE 教学理念下，推动《环境设计专业导论》教学效果的不断提升。

第三章　室内空间设计创新应用研究

随着人们的物质生活质量和精神需求的不断提升，人们希望通过室内空间呈现出兴趣爱好、生活品位及审美观念。本章主要讲述了室内空间设计中的"人性化"应用、沙发在室内空间设计中的运用及现代室内空间中软装饰的应用等方面的内容。

第一节　室内空间设计中的"人性化"应用

一、人性化理论基础——人本主义的引入

人性问题，一直是东西方哲学家共同关注和研究的一个问题，并且经过了漫长和曲折的发展过程。人本主义（Humanism）一词源于西方，它有很多种含义。西方人本主义反对以神为本的旧观念，宣传人是宇宙的主宰，是万物之本，用"人权"对抗"神权"（这也是人文主义的立场，所以人文主义有时也称"人本主义"）。它译作"人本学"，泛指任何以人为中心的学说，以区别于以神为中心的神本主义。

人本主义作为一种哲学思潮它是与非理性主义浑然一体的。它主张以本体论为哲学的中心，倡导终极关怀和本体追求的精神，反对唯理主义和泛逻辑主义，崇尚诗性逻辑，反对科学方法的独断性和普效性。在对待人的问题上，它主张以"诗性"的途径去把握具有情感、直觉、欲望和意志自由的人，探索人的存在本质、意志自由和价值内涵。① 这里需要指出的是，人本主义的所谓"非理性"并非"无理性"，它只是反对理性主义中的"工具理性"，而它本身崇尚的是一种"价值理性"。人本主义的哲学观体现了对于"人文精神"的追求，它是人类对自身存在的思考，是对人的价值、人的生存意义的关注，是

---

① 罗伯特·克里尔. 城市空间 [M]. 钟山等，译. 上海：同济大学出版社，1991.

对人类命运的理解和把握。

可见，理性主义和人本主义的最大分歧是在对待"人"的问题时的立场、态度和方法上。德国人文主义哲学家恩斯特·卡西尔认为，在关于人的问题上，人文科学的逻辑比之自然科学的精密逻辑，能使我们得到一种比过去我们对人性的了解更深入的知识。因此人类要真正认识自身，思考人的生命和存在、价值和意义，必须首先在哲学观上从理性主义转向人文主义。① 城市设计也是如此。

把人本主义精神引入到城市规划领域，从内在意义上讲，首先就是回归城市的本源，将城市看作人类生活的理想环境，而不是将其作为某种手段。城市作为一种环境，除经济功能、政治功能和军事功能之外，更重要的是它的文化功能、教育功能和培育人的功能。如芒福德所说"城市的主要任务就是流传文化和教育人民"②。其次，城市的人文精神也是对城市设计本意的回归。城市设计的目标不仅是要创造一种物化的城市形态，重要的是要使所创造的空间环境能够满足人们的生活需求与提高人们的素质。城市生活与城市品质应作为城市设计的基本任务和最根本目标之一。第三，城市设计的人文精神是倡导一种真切的人文关怀和对城市生活的真实体验，是贴近生活、接近自然、贴近市民大众的，还原事物的本来面目。第四，就是要处理好技术和人文的关系。技术要为城市开发所用，但绝对不能成为主宰、破坏城市的工具。城市设计的人文精神是城市设计历史遗产的精华所在，也是城市设计发展最根本的动力之一。

科学人本主义强调以人为本的思想，充分重视了人的主观性、情感、意愿以及观点。其设计理念经过了形式主义、功能主义等思潮后走向成熟，也是哲学人本主义的延伸，它主张任何人造物的设计以及非物质设计都必须以人的需求和人的胜利、心理因素作为设计的第一要素，而不是形式、技术等其他方面。

二、"人性化"室内空间设计内涵

（一）室内设计的内涵

室内设计即根据建筑物的使用特性与人们的居住需求，运用物质技术手段和建筑美学原理，改变室内居住空间和装饰，美化建筑物内部环境以及其他建

① 恩斯特·卡西尔. 人文科学的逻辑［M］. 叶舟等，译. 北京：中国人民大学出版社，1991.
② 洪亮平. 城市设计历程［M］. 北京：中国建筑工业出版社，2002.

筑功能。创造人们物质与精神的室内空间是室内空间设计的基本功能，也是环境设计的重要目的之一。从中国当前建筑工程的分析来说，室内空间设计成为其中重要的一个部分。室内空间设计包括室内空间、色彩、线条以及其他室内功能的设计，包括照明系统、门窗、电器以及其他装饰用品。

（二）"人性化"空间设计的内涵

随着生活质量的提升，人们对于环境的要求愈来愈严格，不仅仅满足于空气、阳光、温度等基本需求，更重要的是满足一种自然、和谐、归属、丰富的心理需要，以及一些便捷的生理需求，这些都是"人性化"空间的基本任务之一。所谓人性化空间，即与人们生活习惯、心理需要等因素相联系，并在这基础上不断优化设计，更加符合人们的生活需要。可以这么说，"人性化"空间的设计方案是充分利用艺术、科技融合人们的生活人性化设计，使设计更趋近于人们生活，方便人们的生活，是一种先进的设计理念，也是人们维持资源可持续发展的重要方式。

三、室内设计中"人性化"理念的运用原则

（一）环保性原则

环保性原则是室内设计中的重要原则之一。如今人与自然和谐相处已经成为时代的发展主题，必须保护环境，减少使用不可再生资源。此外，环保节能也是居住者所向往的，因此在"人性化"室内设计的时候，环保性原则必须兼顾。

（二）舒适性原则

"人性化"理念是为了满足不同居住者的不同心理和生理需求，这也是"个性化"的一种体现，而只有温馨的、舒适的室内设计和环境才是居住者所喜爱的。因此，在室内设计的时候，必须考虑到舒适的程度，一定要从营造一个居住、行为、心理、视觉等方面都舒适的角度出发来进行设计，只有这样室内空间设计才真正合理，才能被广大居住者所接受和喜爱。①

（三）安全性原则

安全性原则是室内设计时需要考虑的重要原则。居住者的安全需求是属于

---

① 蒋泽芹，顾玉辉. 浅析人性化在室内空间设计中的应用 [J]. 大众文化，2015（6）：11-115.

较低层次的需求，只有当安全需求得到满足之后才会追求更高层次的需求。因此在设计"人性化"室内空间的时候，一定要考虑各种安全因素，杜绝安全隐患。一旦出现安全问题或者安全隐患，那么带来的后果是无法估量的。很多消费者之所以不满意房屋的装修，很大程度上都是因为在房屋装修的时候使用了有害物质，产生的有害气体对消费者的健康产生了极大的影响；还有一部分消费者是因为室内的格局没有合理规划，如厨房空间较小、通道较窄等问题隐藏着安全隐患。① 所以，在进行室内设计的时候，一定要在保证安全的前提下，才能进行其他设计。在设计时也要注意尽量不要使用比较尖锐的物品，即便不得不采用此设计，也一定将其套上保护网。此外，如果居住者要求拆墙来满足其需求，那么设计人员应该在保证居住者今后居住不会出现安全隐患的前提下才能进行拆墙设计。总之，安全性原则是最重要的、也是首要的原则，所有的设计都应该是基于安全性原则来进行的。

四、室内空间设计中"人性化"理念的运用

（一）在色彩和光照中的运用

首先，室内空间陈设的设计。随着社会的不断发展，工业产业越来越发达，很多城市都出现了不同程度的空气污染，尤其是在一些工业城市，很少能够看见蓝色的天空，因此，很多消费者希望能够与大自然多亲近，能够更好地呼吸新鲜空气。那么，室内空间设计者在选择材质和色彩的搭配上，应该根据人们的这一心理来进行选择，以满足人们的需求，让他们在日常生活中能够与大自然更加亲近，从而实现室内空间设计的"人性化"。在基本色调的选择上可以采用暖色，暖色调会让居住者感受到大自然的拥抱，会增加居住者的舒适程度；在材质的选择上要尽量选择天然的、不会释放有害气体的。虽然这并不是什么创举，但是却能够很好地让居住者与大自然更加亲近。

其次，色彩设计。色彩会给人们带来非常明显的心理效应，会给人们的生活带来一定的影响。因此，在设计室内色彩的时候，一定要做到人性化。要充分利用色彩的明度、纯度和色相；要根据不同的居住主体来选择不同的色彩。对于孩子居住的房间，要选择活泼、鲜艳的颜色；夫妻居住的房间，要选择温馨、静谧、甜蜜的颜色；老人居住的房间，要选择稳定的、安静的颜色。此外，还要根据不同的功能来选择不同的颜色。

最后，光照设计。在室内装饰中，光照是非常重要的。不同的居住者对光

---

① 谢宁宁. 浅谈室内设计的"人性化"问题［D］. 石家庄：河北师范大学，2010.

照有不同的需求，有的居住者喜欢亲近自然，因此喜欢自然光；而有的居住者喜欢不一样的氛围，此时人工光才能满足其需求，能够为其呈现出浪漫、热闹、严肃、温馨等气氛。

（二）在空间设计上的应用

在室内设计中，人与空间的协调是必须考虑的，设计室内空间的时候一定要适合居住者的身心活动，这样才能达到舒适、高效、健康、安全的效果。在对室内空间进行设计时，要让空间得到最大限度的利用，对于不必要的物体摆放空间可以尽量减少。设计楼梯时，尽量采用环绕式阶梯；设计阳台和橱窗时，可以采用凹墙体设计，此外，在设计家具时，要考虑人体工学，要利用几何图形和曲线来设计家具，不同的图形进行不同搭配，就能设计出不同感觉的家具，从而满足不同居住者的需求。而且在设计家具的时候，要考虑到整个室内设计的色调和颜色，要与室内设计的主色调相匹配，还要考虑到舒适程度，要让家具的尺度与人的尺度相匹配。

（三）在环保上的应用

在室内设计中运用"人性化"理念，就是环保节能的体现。首先，在室内设计中，装修材料要环保、简单，可以使用太阳能灯设备，条件允许的情况下，可以在屋顶设置收集雨水的装置，雨水经过净化和过滤之后也能满足人们的日常生活需要。其次，要重视资源的重复利用，对一些能够重复利用的旧材料可以进行改造、二次利用，从而降低资源浪费。在室内设计中运用"人性化"理念，可以让环境、人和产品这三者处于一种和谐的状态。

第二节　沙发在室内空间设计中的运用研究

一、沙发造型在室内设计中的运用

（一）室内空间中沙发造型的选择和应用

沙发作为体量较大的空间陈设是影响室内空间环境的主要因素，通过沙发造型设计来对室内空间环境进行第二次的布局与划分，可以使空间更具实用功能，同时还可以营造各种空间氛围。但是沙发作为家具陈设品是在室内空间装饰设计完成之后的再次设计，那么沙发与空间设计必然需要相互统一，互相制约、不可分割又需要彼此独立。以下分别论述沙发在室内空间中的"融合共生"与"个性独立"。

1. 组织空间融合共生

室内空间中的沙发多数情况下是成组使用，沙发本身的体块感能够在空间中有一定的体积，形成围合的空间组织效果。运用沙发围合出的区域感是无形的，而视觉上封闭与开敞取决于沙发本身的体量、高度以及摆放之间的距离。较大型的沙发通常更容易在视觉上形成区域感，较小型的沙发往往通过不同的围合方式来明确其所在的区域。我们看到与室内空间环境设计整体氛围相吻合的沙发产品被设计师选择出来，建筑内部的既定空间限定了沙发设计同时又制约着空间关系。空间的大小由建筑结构和室内环境所决定，家具设计师不可能通过沙发的造型来改变空间的结构，而沙发的工业化的生产方式又制约着空间的组织，批量生产的家具并不一定适合所有的空间，所以，从室内空间设计功能与装饰风格需求出发，有针对性地创造沙发坐具，有时会起到意想不到的空间环境效果。

2. 塑造空间独立个性

沙发造型设计的多样性使得沙发本身可以成为一件单独的作品，或者说一组设计独特的沙发就是件室内的空间雕塑。所以沙发除了满足功能需要以外，不同的空间摆放位置以及空间环境设计都对沙发起着非常大的影响。沙发在室内空间灯光戏剧性的照射下，成为空间内部的主角，成为关注的焦点。从人们的视角来观察，沙发可以看到的五个不尽相同的造型体面，而且随着观察者视线的转移和高度的变化也呈现出不同的空间形象造型。具有鲜明独立个性的沙发同样在为室内空间塑造起着不可或缺的作用。沙发的造型与空间装饰风格有着紧密的联系，也有其相对独立的一面。空间设计师突破已有的空间装饰风格限定，选择搭配具有独立性格与精致工艺的沙发造型，来满足空间设计理念的升华与创新。从这个层面上来分析，沙发造型对空间的塑造与空间设计又可以是相对独立的。[①]

沙发形态与布局方式是组织空间的重要因素，它使空间的实用功能、舒适度、空间氛围的营造得到充分展现。沙发产品造型的选择、布局和设计应根据空间的不同性质、不同要求与建筑物特征有机结合，共同营造一个美观和谐、妙趣横生的室内空间环境。

---

① 陈易. 建筑室内设计 [M]. 上海：同济大学出版社，2001.

（二）室内空间中沙发造型材料的使用

1. 沙发结构材料的使用

（1）木质结构：木质结构的沙发产品是当今市场上比较普通而且常见的结构方式，特点是实用经济并且可回收再利用。

（2）藤编结构：藤编家具是史上最古老的家具之一。藤编结构沙发的藤料来自中国南方以及印度尼西亚的天然藤料。藤条质地牢固、韧性很强，加之热传导性能差，冬暖夏凉，适合做藤编家具。藤编家具产品比皮制、布艺的更耐磨、耐脏，平时只需用干布擦去灰尘即可。

（3）金属结构：凡是以金属管材、板材或棍材等作为沙发的主架构，再配以木材以及各类软体制造的沙发或者是完全由金属材料制作的沙发坐具。沙发使用金属材料会极具独立性格，如果色彩选择丰富，并且可以具有折叠功能，这样的沙发产品会颇具美学价值。

（4）玻璃钢结构：玻璃钢结构沙发是采用性能优异的玻璃纤维增强结构，配以少量的辅助木材、软包材料（海绵、布等）、油漆等制作而成的。玻璃钢沙发较传统的木质家具造型独特、机械性能优异、光泽度和手感更好、耐火性好、刚度大、寿命长，另外特别是玻璃钢沙发不含有对人体有害的甲醛等挥发物质，是非常环保健康的结构材料。

2. 沙发扪面材料的使用

（1）布艺沙发的室内空间环境使用：家居休闲空间为主，特点是温馨舒适。

（2）牛皮沙发的室内空间环境使用：商务休闲空间为主，特点是大气舒适。

（3）皮毛沙发的室内空间环境使用：娱乐休闲空间为主，特点是个性时尚。

（4）超纤维沙发的室内空间环境使用：商务办公空间为主，特点是实用安全。

二、沙发在室内空间中的创新应用和展望

（一）沙发在室内空间中的功能升级和创新

在物联网社会下，家具的多功能与智能化是在现代时尚家具的升级与创新，将组合智能、电子智能、机械智能、物联智能巧妙地融入家具产品当中，使家具智能化、国际化、时尚化，使家居生活更加便捷、舒适，是当今新生活

方式的重要组成部分，是未来国际家具的发展潮流和趋势。

沙发功能升级与智能化的突出特点就是它更强调功能设计，研究它的目的就是研究如何把高新技术和传统沙发制造完美结合起来，通过设计创造赋予它们新的功能，使它能更好地适用于使用者以及空间环境的功能变化。在使用者的"坐""卧""依靠"间产生功能与信息的交互，智能交互设计着重于人与界面的交互，界面是人与物体互动的媒介，换句话说，界面就是设计师赋予物体的新面孔。人机交互界面是指人与计算机系统之间的通信媒体或手段，是人与计算机之间进行各种符号和动作的双向信息交换的平台。

以人为设计的核心这是永恒不变的道理。住宅空间的居住者是人，公共空间的活动者也是人，自然处处要以使用者为核心，无论沙发在空间中如何设计与规划，总之目标都是能够提高人们的生活品质，一切以用户为核心，本着以人为本的设计理念，了解用户的行为活动，满足用户的需求，使使用者真正地感受到空间环境的舒适、安全、便捷与美好。

（二）室内空间环境中沙发的应用分析和展望

1. 提升空间环境的舒适感与品质感

室内空间中沙发的造型设计与色彩搭配使得沙发本身可以成为室内空间环境的主角，一件可以被独立欣赏的艺术品。所以除了满足功能设计以外，沙发在室内空间中摆放的位置关系，周边灯光与其他陈设品的设计也同样非常重要。沙发可以被观察与欣赏的部分是五个面，随着视线的转移与高度的变化呈现出不同的观赏形象。在室内空间中一组沙发聚焦在具有戏剧性的灯光下面，它们就犹如舞台之上的主角，演绎着属于它们的故事。与此同时，空间环境中的使用者，经过观察与坐卧体验得到沙发给他带来的舒适之感，提升了使用者对整体空间环境的品质感的印象。在需要表现空间个性的室内环境中，设计师对沙发的选用同样需要顺应其需要。设计师在空间设计搭配时，不乏一些造型特异，色彩鲜明的沙发，如果处理得当往往它们会起到"画龙点睛"之效。

2. 提升空间环境的文化性与艺术性

不同的空间性质一般都带有其某种独特的主题，如果只依靠空间装饰设计来表达往往是乏力的。室内设计师与产品设计师都应从多角度把握沙发的文化内涵与艺术个性，以便更好地营造出空间特有的性格特征。同时沙发的款式也可以反映不同的审美需求，那些具有特定时代特征的沙发作为室内空间的装饰元素，可以很好地表达不同时代或地域风格的空间特征。

第三节　现代室内空间中软装饰的应用

一、室内空间软装饰的发展现状

（一）缺乏专业的软装设计师

随着经济发展，人民生活水平不断提高，大众对于提高室内环境的需求越来越高，期待通过软装饰来表现人们的生理和心理诉求，赋予有限空间以无限的想象和丰富的意境。但是目前专业从事软装设计人才非常少，市场上出现了许多并不专业的软装饰师：第一，由本来从事室内空间设计师转而从事软装设计工作，他们具备一定的专业知识，了解室内设计原理、装修材料以及人体工程学等，在格调、色彩选择和材质搭配比较注重空间的和谐统一。第二，由其他设计行业（如视觉传达设计、工业设计等）转而从事软装设计工作。这部分设计师具有一定的美学基础，比较注重产品的外观造型，强调艺术美感，但缺乏空间感以及室内设计基础知识。第三，由家室类品牌的经销商、品牌商等相关人员转而从事软装设计工作，这部分设计师对产品性能、更新换代以及市场发展状况比较了解，但是他们缺乏空间和美学知识。

（二）设计创新能力不足

人们对软装饰的需求很大，但是大多数仍然停留在模仿和抄袭的阶段，越来越少的企业愿意花费大量的人力和物力去设计新产品，真正根据地域文化特色和消费者个性需求设计出让人们感受到归属感的软装饰设计较少，如果有，价格很贵，普通的家庭装修支付不起高额的费用，相比之下，国外那些造型简洁、材质优美以及独具巧思的产品就更具有艺术和生活的双重价值。

现代人们对室内空间软装饰产品逐步向美观、实用以及个性化的方向发展，重视人们的情感表达。软装饰设计开始表现出对精神层面的思考，深入洞察和分析不同人群的需求，关注不同软装要素搭配营造的氛围，给消费者一种精神寄托，体现出客户的审美和生活态度。

（三）重视审美，实用缺失

现在在进行软装饰设计时，过于注重产品的外观造型，忽视了对室内空间功能的优化和实用性的考虑，往往会出现一些不合理的甚至有损使用功能的软装饰设计。很多客户在进行软装饰产品选购时，被产品的内容或色彩所吸引，单纯地从喜好的角度出发，没有考虑与整体空间格调是否一致，从而导致室内空间环境的主题不明，软装设计师在进行设计时应该在考虑业主需求的基础上，利用专业的眼光，来选择和搭配符合业主需求的个性化软装饰产品。

二、对室内空间生活方式进行分析

生活方式是一个内容相当广泛的概念，主要指的是人们的物质消费方式、精神生活方式和空闲娱乐方式等，通常可以反映出一个人的价值观、道德观和审美观，以及对饮食、住宿、服饰、休闲等方面的具体要求。

大千世界、芸芸众生，由于地理环境、文化传统、经济收入、消费水平、社会地位和教育程度等主客观条件的差异，不同的人群拥有着不同的生活方式。虽然生活方式与收入状况和生活经历有很大的关系，但是在追求舒适健康生活方式的当下，逐渐形成大家认同的观点，那就是家应该是放松自我和享受生活的地方。因此，软装饰设计的重点就必须与主人的生活情趣相关，从这一观点出发，把当下绝大多数人喜爱的生活模式进行筛选归纳，总结出简约自然型、热情派对型、时尚运动型、DIY 手工型和唯美欣赏型五种具有代表性的生活方式，希望通过该文能起到抛砖引玉的作用，定位出"千差万别"的生活方式，进而着手进行家居软装设计，提供一些切实有益的参考。

（一）简约自然型

自然就是比较喜欢贴近大自然，欣赏自然状态下一切美好事物的人，他们崇尚一种质朴和优雅的生活方式，以回归生活的本质为出发点，运用天然环保材料，刻意保留材料本来的真面目，力求表现出材料独特的肌理感，体现出人们生活在忙碌的都市中渴望享受一种去除烦冗的生活方式，抒发自己对人生的理解和感悟，以及追求简单自然的生活态度。

当"简约自然"的人们进行室内空间软装饰设计时，多使用木材、竹藤等天然环保的装饰材料，从而营造出宁静质朴、优雅朴实和舒适健康的室内空间氛围，室内空间布置要简洁、大方，家具选用具有自然纹理的木材，以突出其天然的质感，迎合人们向往自然的内心渴望；地毯、窗帘以及靠垫等织物选用棉麻质地为宜，色调以低明度为主，体现清爽素雅的感觉；饰品方面，选择精美的摆件、艺术气息的挂画和插入瓷器中的绿植等都是很好的选择。

（二）热情派对型

派对目的是为了放松身心、广交朋友和放松身心而举办的聚会。是指那些经常喜欢邀请家人、朋友和同事等到家中小聚，从而丰富业余生活的家庭聚会。这种"派对"人群普遍待客热情，善于与人沟通和交流，追求一种自由轻松和舒适健康的生活态度。进行空间软装饰设计是，考虑到家中经常有来访的客人，室内空间布局要通透和宽敞，保证动线和视线的流畅，确保有充足的空间供大家用餐和聊天。家具配备方面，可以选用玻璃和藤木等质感较为轻盈的家具，由于这类家具穿透性强，造型相对简洁、搬动比较省力，不但可以减少空间的压迫感还可以使空间变得简约灵动，丰富室内空间的视觉效果；也可以采用收纳强大、功能丰富的家具，如拉开靠背可变成床的沙发，餐桌可以挂在墙上和不使用时折叠起来的椅子等；饰品配备方面，要考虑营造出聚会的氛围，要根据聚会的主题事先准备一些布艺面料丰富和花色繁多的桌布和桌旗、材质优美的烛台、成套的碗碟、餐具、花瓶等，展现主人独特的审美情趣，彰显优雅的生活情调。

（三）时尚运动型

运动派就是乐于进行爬山、骑脚踏车等一切有利于身体健康的行为的人，他们愿意接受新鲜事物，热衷健康的生活方式，追求一种轻轻松松和健康舒适的室内环境。

在进行"运动派"室内空间软装饰设计时，家具选择应注重实用性和舒适性，以线条流畅、结构简洁、细节精致和收纳性强的柜子作为首选，利于运动器材和旅行箱包存放；窗帘、抱枕及靠垫等织物产品，可以选择跳跃的色彩和相对抽象的几何图案，营造出富有生机与活力的室内环境；饰品方面，选用造型简单且动感十足的工艺摆件、色彩艳丽且工艺精美的装饰画、自行车悬挂在墙上以及造型独特的汽车、摩托车及飞机模型等，都能很好地彰显出主人颇具时尚个性和不乏创意的娱乐精神。

（四）DIY手工型

DIY意为"自己动手做"，泛指那些不依赖专业工匠，有想法并且愿意利用适当的工具和材料自己动手制作各种物品的人群。通过DIY制作可以折射出主人丰富的阅历和心理诉求，DIY手工派提倡低碳环保与情感表达相结合，表达了对自然环境的向往，体现出一种展示才艺和挑战自我的生活方式。

在进行软装饰设计时，首先要了解主人的兴趣爱好，并根据需求安排适合的生活环境。

（五）唯美欣赏型

欣赏派是指那些专注于某些喜欢的事物，通过欣赏文学或艺术作品，感受内心世界的互通和交流，从中领略某种境界的人。他们多数由喜欢艺术的人群构成，欣赏范围包括绘画、电影和书法等，追求一种淡泊名利、注重内在修养和精神享受的生活态度。

在进行软装饰设计时，软装元素要体现出主人审美情趣同时又可以突出空间装饰主题，家具选择工艺精湛、情感丰富且深具视觉张力的实木家具，凸显主人不乏的品位，窗帘及靠垫等织物在花色上应力求素雅，给人以温馨淡雅的感觉，要善于利用灯具具有调整角度和丰富空间层次的功效，为室内空间提供丰富多彩的光影变化。饰品方面，晶莹典雅的陶瓷、温润质朴的木材、立意深刻的画品以及带有怀旧复古情怀的物品，如古典烛台、木雕人像和老式挂钟等，根据用途把它们布置在空间的各个角落，为室内环境增添一份灵动气息和唯美的气质。

三、室内空间软装饰的色彩搭配

室内空间软装饰的色彩搭配，是软装饰设计非常重要的环节，空间中颜色对人的生理和心理有着极大的影响，对于需要长期生活于此的室内陈设而言，色彩搭配的效果，会直接影响到人的感官和情绪，进而会产生不同的心理影响。因此，室内空间软装饰各要素之间的色彩要遵循一定的方法，才能让色彩真正起到美化空间的作用。

（一）软装各元素层次配色

1. 窗帘色彩与家具色彩

窗帘是室内空间中的软装饰物，不仅具有遮光和保护隐私的功能，还可以提升室内空间的装饰效果，营造出舒适、健康的空间氛围。室内空间窗帘色彩，可以选择与墙面色彩的同类色或对比色，还可以将家具的色彩移植到窗帘中，选择家具的同类色可以使空间形成平和宁静的视觉效果。当然，把家具中的点缀色移植到窗帘中作为主色调，可营造鲜明、活跃的空间氛围，具有强烈的视觉冲击力。

2. 地面色彩与窗帘色彩

在室内空间中地面的色彩起到连接窗帘和装饰画的纽带作用，地面的主色选择窗帘的同类色，整个室内空间会显得和谐统一，营造整洁大气的空间氛围；如果选择窗帘的点缀色作为地面的主色，可以让整个空间相得灵动活跃。

3. 地面色彩和装饰画色彩

装饰画在室内中具有重要的陈设作用，一幅优秀的、充满正能量的装饰画承载着空间的精神表达，也承载着业主对空间的期待，彰显业主的艺术品位和审美爱好，还对空间起到画龙点睛的装饰效果。装饰画的主色选择地面的同类色，空间表现为稳重浓郁；反之，则表现为生动明快。

4. 装饰画色彩和饰品色彩

目前设计界对饰品愈发重视，软装设计师应该把那些造型别致、各具特色的装饰运用到室内空间中，赋予室内空间丰富的情感，并以精致的图案、丰富的材质和绚丽的色彩，发挥着强化空间格调和增添审美情趣等重要的作用，那么应该如何选择饰品的色彩，其中重要的方法就是从装饰画中寻找。

（二）色彩线形构图

室内空间色彩线形构图，指的是通过一条或多条色彩线，由上至下或由左至右有序地构建室内空间的色彩体系。当室内存在多种色彩时，色彩的脉络清晰可见，共同营造舒适的空间环境。

1. 单线形色彩构图

单线形色彩构图指的是在室内空间中只有一条色彩流线，由上下或左右有序地展开，并延续到整个室内空间中。其拥有一目了然的视觉效果，一条线贯穿到底，从局部影响空间的整体效果，使空间中软装饰紧密地联系在一起，令人心情平和。

2. 双线形色彩构图

双线形色彩构图指的是通过两条色彩流线来主导空间脉络，这种构图方式较单线形构图要显得复杂一点，在设计时要根据空间的主题和格调，选择适合的两种色彩组合在一起营造出丰富的视觉冲击力。

3. 多线形色彩构图

多线形色彩构图指的是通过三条及以上的色彩流线来主导空间设计，这种构图方式要注意尽量避免线条过多地交叉在一起，同时还要注意冷色调、暖色调以及中性色量的均匀搭配，使色彩线条流畅自然。

四、室内不同功能空间的软装饰设计

随着中国物质生活水平的不断提高，室内空间软装饰出现了亲情感表达，轻奢华的发展趋势。室内空间软装饰应该反映业主的文化素质、审美观念和兴趣爱好等。因此，进行室内空间软装设计时，必须要详细了解家庭成员的生活方式、业主的需求和空间结构，根据不同空间的使用功能搭配不一样的软装饰品，从而使这些区域充分发挥其功能，满足全家人日常生活的需求。

玄关是客人进入室内空间的必经区域，它承担着"家之门脸"的装饰作用。作为从户外进入室内的第一视觉空间，玄关首先应该起到有效的视觉缓冲作用，尽量避免客人进门后对室内空间一览无余，保护主人的隐私性。其次，玄关在表现出室内格调及主人的修养、爱好和审美情趣之外，还起到一定的收纳功能，主要的软装饰有鞋柜和衣架用来放置鞋子、外套和背包等，满足人们的使用功能，给生活带来便利。

客厅是室内空间中使用频率最高的空间，不仅要满足家人聚谈、休息、阅读、娱乐、视听欣赏等需要，还起到接待客人的作用，较为直接地体现出家庭的经济水平和精神风貌。客厅空间中主要的软装饰有休闲交流的沙发，收纳作用的茶几和边几家具，视听享受的电视，柔化生硬空间的窗帘和地毯，满足照明和营造空间氛围的灯具和其他造型各异、材质精美的饰品。客厅的家具软装饰等是最能反映主人的兴趣爱好、文化素养、性格和职业的，通过精心的搭配满足室内空间的使用需求和风格审美。

餐厅是家人和客人聚在一起用餐和聊天的地方，随着室内生活需求变化，人们希望把餐厅设计成兼具学习工作、娱乐放松、朋友聚会等多功能的空间。餐厅空间中主要的软装饰有餐桌椅、餐具、边柜、装饰画和绿植等。家具选择除了考虑材质、颜色和造型之外，还要注意室内空间的面积，从而设计出符合空间尺寸和形状的软装用品，这个区域的灯具最好是暖色光线，可以让灯具的光线直接照射到食物上，以刺激人的食欲，在饰品方面，选择造型优美、材质考究和内涵丰富的装饰品来丰富空间表情，营造出温暖和舒适的用餐空间。

书房是室内中用来工作、阅读或学习空间。通过软装饰的陈设能充分地体现空间的氛围和主人的兴趣爱好、从事职业以及审美观念等。书房软装饰有阅读、创作的工作台，存放资料的书架等。如果空间允许，还可以布置交流、会客区等。在饰品方面，选择精致的装饰品可以起到点缀空间的作用，增加书房的文化氛围，创造出一个独具特色的空间环境。

卧室是供人们睡眠和休息的地方。卧室空间按功能可以分为睡眠区、阅读区、梳妆区和衣物储藏区等，设计前要根据室内空间的面积进行合理规划，考虑空间布局和家具的布置方式，营造安静的休息环境。在进行床品摆放时，要考虑门窗的位置和床头的朝向问题。首先，如果床头摆放在窗下，容易让人心理上感到不安全和天气变化会产生感冒。其次，床头不宜对着卧室门，容易影响睡眠和缺乏隐私性。最后，避免室内横梁对着床头，会造成压抑感。室内空间一般分为主卧室和次卧室，其中次卧室又分为客房、老人房和小孩房等，卧室的软装饰品主要有床、床头柜、梳妆台、衣柜和绿植等，软装饰要根据不同年龄阶段的人群、工作性质和品位等进行搭配设计。主卧要根据主人的审美趣味选择床品，温馨、柔软的织物，还可以选择精美的相框放置家人照片、浪漫的烛台和时尚的台灯等，如果主人在睡前有阅读的习惯，可以放置书桌，假如空间面积允许，可以在卧室中摆放一张双人沙发，有助于双方交流和享受浪漫的时光，为室内空间营造出舒适和宁静氛围。客房是亲朋好友来访时居住的临时场所，除了必备的床品之外，可以在墙上挂上有温馨场景的装饰画和放置造型优美的花品绿植，使客人在室内感到轻松和舒适。儿童房软装饰设计要体现出儿童天真活泼的心理特征，选择色彩活跃、造型新颖和趣味性较强的装饰画或饰品，让儿童对生活充满热情和活力。当然，在进行儿童房软装饰设计时要考虑材质和安全性，选择造型简洁、无棱角的装饰场所，以免对儿童造成伤害。老人房设计也要根据老人的特点来布置，选择与老人爱好相同的饰品，色彩要相对素雅，考虑到老人腿关节的灵活性问题，床和其他家具不能太低，以便老人起身，同时还要增加空间的收纳，以便放置老人的物品。

卫生间是室内空间中最为隐秘的地方，有盥洗、淋浴和洗衣等功能，该区域使用频率较高，要合理规划安排卫浴设备，为家庭成员提供舒适的服务。卫生间的主要软装饰有：马桶、洗面池、洗面柜、洗衣机以及花洒和泡澡浴缸等，软装饰的选择要考虑安全性、牢固性和舒适性，让人感到轻松和方便。此外，可以根据空间情况摆放一两盆耐湿、耐阴的植物，可以美化环境和缓解精神压力。

厨房是用来烹饪和准备食物的房间区域。软装饰主要有灶台、冰箱、砧板和水槽等，厨房的主要功能就是烹饪，在设计中按照日常做饭的顺序来布置，首先从冰箱里拿出食物，经过水槽清洗，在砧板上进行加工，放进烛台烹饪，最好出锅盛到盘里端上桌，这样可以减少使用者的来回往返，体现出以人为本的设计思路。在饰品方面，可以选择颜色鲜艳的植物装点空间，提高厨房的工作效率，享受烹饪所带来的乐趣。

第四章　城市公共空间设计创新应用研究

城市是国家或地区的政治、经济和文化中心，城市公共空间环境是构成社会文明程度的一个显著标志，贴切地反映了人需求的城市公共空间环境可以弥补高科技发展带给现代城市生活的冷漠感觉，使得人、自然与社会之间达成一种和谐与默契。本章对城市公共空间设计创新应用进行研究。

第一节　城市公共空间概述

一、城市公共空间的概念

（一）城市公共空间的相关概念

1. 空间

人通过对空间的活动发展做出对空间的认知，通过自我调节同现有的结构和秩序得到认同，通过尝试新的活动来满足自己不断发展的要求，并同环境达成新的协调，建立新的空间联系。与此同时，在人与环境的这种互动过程中，人们不断地通过感知环境从而提高了创造空间的能力。

不同学科对空间概念有不同的解释。在建筑领域，挪威的舒尔茨的研究颇具影响。他将人对环境的感知与人的生活世界相联系，建立了"人类在世界上自我定向的需求的基本空间概念"。他把空间分为五类：具体活动的实用空间（pragmatic space），取向定位的知觉空间（perceptual space），形成人类环境稳定印象的生存空间（existential space），物理世界的认知空间（cognitive space），纯理论的抽象逻辑空间（abstract space）。

2. 城市空间

作为城市建设诸多学科研究的焦点，我们通常以物质层面去理解。罗伯特·克里尔指出："撇开深刻的审美标准去理解城市空间的概念，可知它仅仅是城市内和其他场所各建筑物之间所有的空间形式。这种空间，依照不同的高低层次，几何地联系在一起，它仅仅在几何特征和审美质量方面具有清晰的可辨性，从而容许人们自觉地去领会这个外部空间，即所谓城市空间。"① 该书所研究的城市空间应该是具有社会特性的为人们所感知到的物质空间，它是由物质实体在城市土地上界定的外部空间。

3. 外部空间

芦原义信认为："外部空间是由人创造的有目的的外部环境，是比自然更有具有意义的空间。"芦原义信的外部空间是相对于建筑内部而言的，"外部空间因为是作为'没有屋顶的建筑'考虑的，所以就必须由地面和墙壁这两个要素所限定"②。

4. 城市开放空间

广义的城市开放空间是指城市中完全或基本没有人工构筑物覆盖的空地、水域及其上面所涵盖的特性如光线和空气等。对于城市开放空间各国学者或法律都有着不同的理解。现代意义的"城市开放空间"概念的出现大约是在1877年的英国，该年制定的《大都市开放空间法》定义是"任何围合或是不围合的用地，其中没有建筑物，或者少于二十分之一的用地有建筑物，而剩余用地用作公园或娱乐，或者堆放废弃物，或是不利用"。1961年，美国《房屋法》规定开放空间是"城市区域内任何未开发或基本未开发的土地，具有公园和供娱乐用的价值、土地及其他自然资源保护的价值或历史风景价值"。C·亚历山大（Christopher Alexander）在《模式语言：城镇结构》一书中对"开放空间"的定义是："任何使人感到舒适、具有自然的风格，并可以看到更广阔空间的地方，均可以称之为开放空间。"③

因为不同研究方向的专家学者根据学术需要从不同方面来解释，所以这些说法所指、所包含的事物相似或是差别不大。但城市开放空间的概念相对来说其外延更为广阔，除了城市中的公共活动空间之外，城市之间广阔的开敞地带也包括在里面。

5. 开敞空间

这个是我国学者对于开敞空间的另一种译法。在《城市规划原理（第3

① ［德］罗伯特·克里尔. 城市空间［M］. 钟山等，译. 上海：同济大学出版社，1991.
② ［日］芦原义信. 外部空间设计［M］. 尹培桐，译. 北京：中国建筑工业出版社，1985.
③ ［美］C. 亚历山大，等. 建筑模式语言 城镇·建筑·构造 上［M］. 王昕度，周序鸿，译. 北京：知识产权出版社，2002.

版）》采用了开敞空间的译法。① 有的学者认为，狭义的开敞空间指城市中的绿地。② 在通常的研究中开放空间与开敞空间是有区别的，"开敞"空间对空间的状态的描述性更强，而"开放"空间则含有动作意味更多一些。一般在论及城市边缘或城郊时常用开敞空间，意指自然化程度相对比较高一些；当在论及城市内部的时候则多用开放空间，相对的人工化程度较高自然化较低。开敞空间意指城市的公共外部空间（不包括那些隶属于建筑物的院落）。包括自然风景、硬质景观（如道路等）、公园、娱乐空间等。开敞空间设计具有双重标准，即"心理的开敞"和"生态学的代谢"。

（二）城市公共空间的含义

城市公共空间是一个含义很广泛的概念，由于文化背景、国别、历史以及法律制度的迥异，所以有不同的理解和含义的界定。在国外的公共空间是相对于私有空间而言的，在我国城市公共空间一般是具有空间实体的形态特征，并且为市民提供生活服务以及社交的场所，具有景观、宗教、商业、社区、交通、休憩性活动等城市性功能。

在具体的城市公共空间的概念上，《城市规划原理（第3版）》采用了如下的定义："城市公共空间狭义的概念是指那些供城市居民日常生活和社会生活公共使用的室外空间。它包括街道、广场、居住区户外场地、公园、体育场地等。根据居民的生活需求，在城市公共空间可以进行交通、商业贸易、表演、展览、体育竞赛、运动健身、消闲、观光游览、节日集会及人际交往等各类活动。"③ 公共空间又分开放空间和专用空间。开放空间有街道、广场、停车场、居住区绿地、街道绿地及公园等，专用公共空间有运动场等。城市公共空间的广义概念可以扩大到公共设施用地的空间，例如城市中心区、商业区、城市绿地等。城市公共空间作为城市大系统的重要组成部分，必然要受城市多种因素的制约，要承载城市活动，执行城市功能，体现城市形象，反映城市问题等，从而导致城市公共空间无论在外部形态还是在内部构成机制上，都呈现出多重性、多元性、多价性和多义性的含义。

在我国，经过多年的城市设计的研究实践，城市公共空间的范畴主要包含自然景观环境、城市公共绿地、广场、街道及游园空间等，它主要是为城市市

① 王克强，石忆邵，刘红梅，等. 城市规划原理（第3版）[M]. 上海：上海财经大学出版社，2015.

② 周向频. 城市自然环境的塑造 [D]. 上海：同济大学，1997.

③ 王克强，石忆邵，刘红梅，等. 城市规划原理（第3版）[M]. 上海：上海财经大学出版社，2015.

民的生活服务的空间。因此，城市公共空间的概念具有以下重要特点。

第一，它是存在于城市或城市群中，在建筑实体之间存在的开放空间体，它具有空间的界面、围合、比例的空间体形态特征。并同城市中的建筑实体有着密切的依附关系，并且受到城市多种因素的制约。

第二，现代城市公共空间的实质是以人为主体的，促进社会生活事件发生的社会活动场所。它是为城市广大阶层的居民提供生活服务和社会交往的公共场所，是人们社会生活的发生器和舞台，其形象和实质直接影响市民大众的心理和行为，在使用权和利益上是大众共享的，并且在这个场所里体现城市公共空间与市民之间的一种认同与互动。

第三，城市公共空间是城市生活物质层面上的重要载体，担负着城市生活的多种功能，包括政治、经济、文化等方面的复杂行为活动，它承载城市活动、执行城市功能、反映城市风貌，继承文化传统以及记述现代文明的多重作用。

二、城市公共空间的类型

人类环境是由若干个规模大小不同、复杂程度有别、等级高低有序、彼此交错重叠、彼此相互转化变换的子系统所组成，是一个具有程序性和层次结构的网络。根据不同的原则，人类环境有不同的分类方法。通常的分类原则是：环境范围的大小、环境的总体、环境的要素、人类对环境的作用以及环境的功能。城市公共空间作为一特定的城市环境，根据研究的需要也可按这些原则进行不同分类。在该书研究中，进行分类的主要目的是研究其本质特征。

（一）按照城市公共空间存在方式

城市公共空间有两类存在方式：相对独立完整的公共空间以及附属开发地块的公共空间。前者主要是公共产权用地空间，又可分为三小类：一是在规划编制中参与用地平衡的城市广场、公共绿地、城市道路；二是居住小区及小区级以下的小游园或集中绿地；三是桥梁、立交桥等大型基础设施中用地中的绿地等。这类空间在城市公共空间中占主导地位，只有在规划严格控制和实施的情况下才可能形成，尤其是在建筑群的分期开发建设过程中。而后者属于非公共产权用地空间，是各级道路两侧、广场与公共绿地周边的建筑后退红线形成的小广场、底层架空形成的街道骑楼空间等。这类空间通常附属于一定的建筑或道路，这类空间在城市中的存在最为普遍，需求量最大但一直没有得到应有的重视。受商业利益的驱动和容积率、地价等因素的影响，如果没有规划和管理部门的有力控制，这类空间往往被忽略或以不恰当的形式存在。

（二）按照城市公共空间形态分类

对城市公共空间进行点、线、面三种空间形态的分类，有利于公共空间的现状分析、空间优化，是一种很有效的公共空间组织的布局方法。

点状公共空间一般是指空间实体面积相对较小，形状为团块或类似块体的公共空间，以点的形式分布于城市中，例如分散于城市各地的街头绿地，布局分散面积较小的小型公共农场，还包括居住区内的建筑外部空间等。

线状公共空间多用来指呈线型特征的空间实体。例如城市的道路系统、河流滨水水系以及条状分布的城市绿化带等。

面状公共空间一般是指市中分布面积较大的空间实体，包括山野绿地、综合性公园、大型广场以及城市滨水空间等。

三种形态的城市公共空间相互交织、相互沟通共同组成网状的城市公共空间体系。这种体系模式是一种理想的布局形式，它以城市具有良好的城市公共空间习题和较高拥有量为前提。

（三）按照城市公共空间功能特征

按城市公共空间在城市中的功能特征可分为：城市道路空间、城市广场空间、城市公共绿地、城市滨水空间、大型市政设施空间五大类。该书所指的功能是针对使用活动而言的。

城市道路系统可以分为生活性道路系统和交通性道路系统。该书所探讨的城市公共空间很自然地包括城市生活性道路空间，其对于城市公共空间的意义主要在于其与行人密切相关的步行系统，如林荫道、人行天桥、商业步行街等。同时还可以根据道路功能和其服务地块的功能分为交通性道路、商业性道路、文化性道路、综合性道路等等。

城市广场空间以其综合性以及多功能为特点，构成市民的公共活动中心和城市空间体系的重要节点，一直以来都作为城市公共空间的"范例"。根据其功能可以分为政治型广场、文化型广场、商业型广场、综合型广场等等。人们主要是以步行交通的方式使用和体验广场。因此，宜人舒适的尺度和步行交通系统是人性化高品质广场的必备要素。

城市公共绿地相对于城市广场而言有了一定的隐蔽性，能为使用者提供较为私密的休憩空间。现代城市公共绿地更是具有支持休闲、游乐等闲暇活动的实用功能、提升城市景观品质的功能和净化空气、缓解热岛效应等生态功能的复合功能体。

城市滨水空间是指城市中水体、自然山体与城市的人工环境共同形成的空间区域。它对于城市空间的融汇、联系起着极其重要的作用，通常会成为城市主要绿化景观轴向空间。城市滨水空间为观赏城市整体景观提供了适宜的观赏距离，因此成为观赏城市景观的最佳区域。

在一些大型的市政设施用地例如立交、轻轨高架等往往成为城市的特色空间，在立交的引桥部分通常会建有较多的绿地，成为公共空间的重要部分。轻轨交通线由于其在高架的轨道上行驶和停靠，为乘客提供了欣赏城市整体景观的视角。

第二节　城市公共空间的人性化设计

一、公共空间人性化设计的概念与内涵

（一）公共空间人性化设计概念

人性化设计是一种注重人性需求的设计，也可以称之为人本主义设计。出现最早并推广和应用的领域是在工业产品设计中。人们总以为设计有三维美学、技术和经济，然而更重要的是第四维：人性。自 20 世纪中叶以后，随着科技的深入发展以及人文思想的进步，人们意识到对于环境的需求不能仅仅满足于空气、阳光等生理需要的满足，更重要的是使人产生心理认同感、归属感，能营造丰富多样的环境场所。

设计的主体是人，设计的设计者和使用者也是人，因此人是城市空间设计的中心和尺度。既包括生理尺度，又包括心理尺度，而心理尺度的满足就是需要通过人性化的设计来得以实现。假如设计离开了关爱人、尊重人的目标，设计便偏离了正确的方向，只有使人身心获得健康发展，健全和造就高洁完美人格精神的设计才会永远具有活力。

该书研究的城市空间的人性化设计主要侧重于人的心理、行为和社会文化在公共空间的表现，以之作为空间能否满足和反映市民使用者需求的标准。这其中含有人类行为心理与空间形态表现；人类社会文化与空间意象等多层面的内容。总言之，所谓的公共空间人性化设计，就是如何构成城市空间诸多要素的有机结合、空间表现人性化尺度与特征、空间美学意义的多个层面体现人类的内在精神的需求问题。只有顾及了人类本身的内在需求并在城市公共空间的各个层面上加以设计的互动与经营，才能使城市公共空间达到与人类需求同构的形态特征和美学环境，才能使设计真正人性化。

（二）公共空间人性化设计内涵

通常意义上所说的公共空间人性化设计，就是说设计的核心是人，所有的设计都是针对人类的各种需要展开的，不光是物质生活的需要更重要的是还涵盖了精神生活的需要，所以从这个意义上来说，人性化设计的出现，完全是设计本质的要求，设计本源的回归。

公共空间人性化设计既不是完全否认作用，也不是单纯的制造可供人们使用的产品。它应该是以人的本性需要为出发点，创造适宜人的空间本身以及内在的精神情感，并且可以在细节上使人在城市空间里感觉到更多无微不至的关怀，从而使市民在生理上的关怀转化为心理上的感动。城市公共空间设计的人性化应该涵盖以下几个内容：首先是物理层次的关怀。人性化设计是以设计的理性化和功能性为前提条件的，离开了科学结构的理性化和合理的功能性，人性化将走向极端也就是违背了人性的原则。其次才是心理层次的关怀。心理、行为、文化是城市公共空间人性化研究的核心问题，人性化设计反映了"为人而设计"的特征。最后还应该注重群体细分的关怀。弱势人群因其自身的生理和心理特点和目前社会环境系统所缺乏的重视，而使他们的自由受到限制。公共空间人性化的设计就是要最大限度地消除由于自身的弱势而带来的障碍。

二、公共空间人性化设计的方法

城市空间的分析和调研是进行城市规划工作以及研究的必要手段，它为我们对于城市具体的现状的认知和理解体现到具体的实际工作和设计中提供了有效的支持。城市公共空间是城市设计的重要组成部分，因此城市空间分析的理论仍然适用于它。

（一）物质与形体的空间分析

视觉秩序与空间联系是着重于三维空间艺术处理的城市空间分析与设计理论，也可以称之为物质与形体空间分析理论。视觉秩序是一种自文艺复兴就开始广泛应用的空间分析理论，它的产生主要受传统美学教育的影响，将城市视作艺术品来进行开发建设，以人在运动过程中的视觉感受作为城市空间形态创造的依据，讲究在整个过程以及主要视点下美观的视觉效果与体验，追求和崇尚视觉的完美秩序。卡米诺·西特总结出注重整体性、相互关系与内在关联性的城市建设的艺术原则，提出了一条塑造具有文化和情感视觉刺激的室外生活环境的美学途径。①

空间联系理论与视觉秩序理论关系密切，研究的是城市形体环境中各个构成元素之间的"线"性关系规律，这些"线"有交通线、视线、行为线和心理线等。芦原义信则总结融合了以上两种空间分析理论，并运用自己设计的若干实例，详细探讨了外部空间的布局、围合、尺度、视觉质感、空间层次、空间序列等一系列相关要素的分析与设计问题，提出了"空间秩序""逆空间""积极空间和消极空间"和"加法空间与减法空间"等许多富有启发性的概念。

这两种空间分析理论均注重城市空间与体验的艺术质量，或多或少地存在着忽视市民精神需求与城市中历史、文化等因素的倾向，但是对于城市公共空间及其开敞空间能否成为城市空间序列以及城市景观的序列的引导，空间的艺术感、秩序感的创造仍然具有不可否认的重要指导意义。

（二）行为与环境的空间分析

视觉秩序和空间联系理论只考虑到人的视觉因素，把空间理解成为独立于人的意识之外的存在。场所理论与现象学则将人的行为包括人的心理需求、社会行为等作为城市空间环境的一个不可分割的部分来研究，注重行为与环境的互动联系，可称之为行为与环境的城市空间分析理论。

在场所理论中，外在的自然因素和人们的行为和感知以及内在的社会、文化因素，被渗透到对空间的界定、围合中，于一般性的场地（Site）的基础上赋予出场所（Place）的意义。与场所相关的一个概念是文脉（Context），两者既包括各种物质属性，也包括较难触知体验的文化联系以及在人类漫长时间里因使用它而使之拥有的环境氛围。现象学理论则是场所理论的基础，其目的就是要探求场所的本质所在，认识场所的意义，同时注重场所的物质精神双重作用。

可以看出，场所理论与现象学是以人和现代社会生活为根本出发点，注重并寻求人的行为与环境深层结构的有机并存，力图创造具有深刻意义的特定情景，将人的思维激发，营造出当时、当地的氛围和场所感。然而这些理论也存在因过于抽象、模糊、笼统，而难以在城市空间设计中操作和应用。

---

① ［奥］卡米诺·西特. 城市建设艺术 遵循艺术原则进行城市建设 ［M］. 仲德崑，译. 南京：东南大学出版社，1990.

（三）生态与景观的空间分析

以"设计结合自然"与"大地景观"为代表的理论研究的核心是人类与自然生态、人类与生态景观的和谐相处，因此可以称之为生活与景观的空间设计与分析理论。前者的理论思想强调人类对自然的责任，第一个把生态学的概念用于城市设计上。在生态分析理论中，对于城市的文化生态分析做出了探索，认为环境是多重的，包含了社会、文化以及物质等诸多方面，城市设计所能驾驭的物质环境的变化与其他人文领域的变化（如社会、心理、宗教、习俗等）存在着一种内在的关联性。

三、人性化的空间格局及对公共空间的需求

（一）人性化的尺度

人在城市公共空间中活动时，广场、绿地、院落、街道等细部都蕴含着人性的尺度。因此，城市公共空间的设计中应当把人的尺度作为空间量度的标准，把人的行为特征作为空间组织的依据，探索空间层次与要素之间的组成比例关系，协调人与现代空间的生理和心理关系。人类对事物的认识都是通过视觉、听觉、嗅觉、触觉和味觉五大感官形成的，其中尤以视觉最重要，其摄取的信息占60%以上，也正是人类的感官作用才有了尺度的概念。所谓城市公共空间的尺度一般包括人与空间、实体的尺度；实体与实体的尺度；空间与实体的尺度等等。通常作为城市公共空间设计的成败关键都在于尺度的处理是否得当。

1. 心理标尺

环境心理学研究成果表明，人有要求界定自身活动空间范围的本能，个人在家庭内的私人活动及在社会群体的公共活动都发生在与其心理界定相对应的物质空间之中，这就是心理上的领域感。在城市公共空间的设计中，可以通过空间划分来界定具体空间的领域感，这要求人们积极发挥空间构成元素的作用，不是将它们堆砌在空间之中，而是注重自然元素在城市中的空间关系，把握住空间的层次性和空间的可识别性，使人们在城市公共空间中活动时能保持自身的私密性和领域感，使空间中的活动丰富多彩。以商业步行街系统为例，只有创造良好的条件让人们坐下来，才能使行人消除疲劳，并有较长时间的停留。如果坐下来的条件少而差，人们就会侧目而过。这不仅意味着在公共场合的逗留十分短暂，而且还会扼杀掉许多有魅力和有价值的户外活动，在这种情况下，良好的座椅布局与设计是公共活动空间富有吸引力的前提。从人的分析

中我们可以发现，人在边缘或建筑物四周比站在外面的空间中暴露的要少一些，这样既可以看清一切，自己又暴露不多，个人领域减少至面前的一个半圆，当人的后背受到保护时，他人只能从面前走过，观察和反应就容易得多。结合人的这种心理标尺，我们在设计座椅的过程中就应当尽可能地创造条件将座椅放在一个空间与另一个空间的边缘，在公共活动空间中划分出一个半私密的个人空间，以此激活人们的商业和休闲行为。

2. 行为标尺

当前大尺度的城市开发使城市的公共空间在失去亲和力的同时也导致了很多社会问题，这些大型项目都企图以功能和环境的完整将自身独立于整个城市的系统之外，其最显著的弊病在于忽视了人的行为标尺，导致了社会服务设施的严重脱节。以大型广场为例，目前国内有不少广场尺度巨大，而服务设施如公共厕所、饮水站等大多零星地散布在广场的周边，这就导致人们要获得这些服务必须穿行很长一段距离，而根据人类行为学的研究成果，这种穿行如果超过 200 米就会引起不适。从视觉的角度分析，城市广场若要取得好的建筑场效应，必须把握好城市广场和建筑的空间关系，不同性质的广场对建筑场的强弱有不同的要求，除绿化休闲广场以外的各类广场建筑距最佳视点跨度应小于300 米（或可理解为一般广场规模控制在 9 公顷以内）可以产生均衡场。因此，城市公共空间的设计一定要注意到人的行为特性，并以此为标尺。

（二）市民对城市公共空间的需求

市民对公共空间的需要实际是说使用者的需要。主要指市民的各类活动需要使用公共空间，而同时在使用公共空间的过程中既有物质方面的也有精神方面的两方面的需要。而每一方面又包含不同的层次需要，不同的人对于不同层次的需要又有不同的强烈程度。这些不同强烈程度的需要是人们使用公共空间的原始动机。城市规划的指定和事实的重要原则和出发点就是要满足市民对公共空间的多层次的需要，而城市公共空间的主要智能也就是满足不同市民的不同需要，最大限度地满足这些需要是城市发展和社会进步的动力。市民对于公共空间的需要和需求主要表现在物质方面的自然性需要以及精神层面的需要。

1. 自然性需要

借鉴马斯洛的需求层级理论，自然性需要主要指人的生理需要和安全需要，代表最基础的物质需要。

生理需要主要表现为市民因必要性活动使用城市公共空间时需要一个符合人体生理机能的舒适环境。根据新陈代谢的规律，人有吃饭、排泄等自然的生理现象，这就需要公共空间提供相应的服务，具体就表现在是否有配套的服务设施建设，例如休憩设施、公共厕所等。

　　安全需要则是人为了生存的本能需要。人类社会发展的历史就是追求安全和健康生活环境的历史。因此，城市公共空间不应危及使用者的人身安全。一般情况下，拥挤的、人车混杂的街道因为安全方面的隐患而成为使人烦躁的城市公共空间。同时在公共空间中的近人设施也不应该有安全隐患。比如空间界面的实体要素、绿化花池的尖锐护栏、不同标高或湿滑的地面等则是城市公共空间中的安全隐患应该注意的细节。

　　2. 精神方面需要

　　除了物质方面的需要，每个人还有精神方面的需要。包括人们对社会生活、文化交往以及精神追求等方面。具体表现为一些高层次的社会性心理需要，如交往、归属、审美、成就等。当人们的物质生活达到一定水平之后，处于底层的物质性需要就会减弱，高层次的精神文化方面的需要就会逐渐成为最强烈的需要。

　　关于使用者对于公共空间的心理需要是一个传统的话题，也是城市规划学科研究的热门话题。对于公共空间的使用者——市民来说，交往需要、归属需要、审美需要、尊敬需要显得更为强烈。满足市民的这些高层次需要是高品质人性化的公共空间的标志，这些精神方面的需要综合起来表现为市民对人性化城市公共看见的需要。

　　由于表现精神方面需要的概念多是于个人的生活经验、价值观念等主观因素相关的定性概念，所以一直无法用一些定性的标准来做出可操作性的规范。因此，在全面研究"定性标准"的同时，还应该加强量化研究或保证"定性标准"得以贯彻的决策程序研究。

第三节　下沉式公共空间的设计

一、下沉式公共空间的定义

（一）下沉式公共空间的定义

　　下沉式空间有两层含义上的限定，一是下沉地面的限定，二是下沉空间边界的限定，因此有很强的空间感。下沉空间可以将地面空间的优良特质带入地下空间，比如光线和自然空气等，因此常常被用来作为地下空间的出入口，或者中庭广场，以此形成节点空间，形成对地下空间的有效组织。另外一方面，下沉式公共空间可以很好地将地下空间结构和断面关系明确地表现出来，形成极佳的空间感受，并且再结合景观可以达到美妙的立体生态效果。

公共空间最大的特点在于其共享性。首先它是向社会群体开放的，公众可以不受任何等级的限制进入该空间，并且使用该空间；另外一方面是向自然环境开放，不受任何人为元素的阻隔。公共空间有效地和城市公共空间联系起来，这样一来，人在空间内才会有舒适之感，不会感到压抑和紧张，即使局部借助一定的积极的措施进行空间限定，也不会影响公共空间的共享特质。

综合上述两个相关定义的阐述，下沉式公共空间就是在城市里、城市建筑的周边或者围合的内部由地面下沉所形成的围合并且开敞的空间。[①]

(二) 对"下沉式公共空间"的进一步界定

"下沉式公共空间"是由下沉空间和公共空间相结合而产生的特殊空间类型，在空间含义上有着广泛的外延，具有空间多层次、功能多样化的复合特征，是现代环境设计及建筑空间走向多元化的一种表现。[②] 同时不断出现的变异空间使得下沉式公共空间的概念逐渐模糊，因此有必要对"下沉式公共空间"进行更为具体的界定。

"下沉"这个概念是用来形容空间形态的，形象地表达了该空间低于周围地面空间环境的特性，这样一来便形成了一个半封闭的空间，这种空间和传统的常见的城市空间有着显著的不同。

但是"下沉"一词从尺度的角度来研究却甚为模糊，可分为横向和纵向两个方面的衡量值。横向即为下沉广场的广度，也可以说是宽度，该尺度的不同将形成感觉不同大小的广场空间，这一角度对该书的研究影响较小。另外一个角度是纵向的或者说是竖向的，这是下沉空间的重要量性标准，那么下沉多少才符合该书所研究的下沉空间呢？这个问题依然需要从人的视角出发，按照与人的尺度的对比关系，可以将下沉空间分为"全下沉空间（之后都称之为下沉空间）"和"半下沉空间"两类。但这两者之间并不仅仅是下沉尺度的这样一个表象的不同，二者实际上存在着本质的区别。

半地下空间一般指地面低于周围地面标高，而空间内人视线高于周围地面环境，在视线上空间内外是连通的地面空间。半地下空间只是满足景观的需求，没有其他实际的功能属性，更没有与城市的地下空间发生关系，因此它不隶属于城市地下空间，应该属于城市地面广场的一种设计手法。

---

① 连剑．商业建筑的下沉式开放空间研究 [D]．广州：华南理工大学，2015．

② 章玲．结合城市地下空间利用的下沉广场设计研究 [D]．重庆：重庆大学，2011．

而下沉空间首先是属于城市地下空间的，它是地下空间在地面上的开口，具有开敞的特性。在设计伊始，下沉空间便是综合考虑地下空间结构和地上空间环境功能所形成的节点空间，充分有效地衔接沟通着地上和地下空间，它有着自己独特的属性，对现代城市有着重要的意义，甚至可被视为一种相对独立的城市空间类型。

该书所讨论的下沉式公共空间正是隶属于上述所述的下沉空间，无论从城市还是个体的角度都具有一定的功能属性和空间特色，它是将地上、地下功能空间连接起来的节点空间。

二、下沉式公共空间的空间设计

（一）空间的比例及尺度

超尺寸的空间中不仅两侧的人相距过远，而且对穿行的人来说，同时经历两侧的活动景象也是不大可能的，空间上的过于分散使单项活动无法相互交汇，形成更大、更有意义、更富有激情的系列活动，相反根据知觉范围并预计可能使用这些空间的人数，有克制地确定空间的尺寸，就能使活动集中起来，单个活动会相互激发，公共生活的自我强化过程便由此产生。减小尺度也可以加深感受的强度，促使人们去推敲空间的大小。处于小空间几乎总是让人兴奋，人们既可以看到整体，也可以看到细节，从而最佳地体验到周围的世界。

因此，在城市商业环境下的下沉式公共空间的设计中，若是城市级别的下沉式公共空间，应以城市广场类的空间尺度比例要求，此时需要开阔之感。若是非城市级别的下沉式公共空间，则应视其为人们日常生活的街区空间或邻里空间，此时则是需要一个更加人性化的尺度比例，使人们在下沉空间内有一种归属感，甚至使之成为城市传统肌理的延续。

（二）空间的界面形态

下沉式公共空间作为城市的公共空间，其界面形象是非常重要的，如同建筑的外立面形态，是对人的视觉和心理产生重要影响的因素。并且下沉空间的界面视觉效果是对内的，形成的是一个内向的空间。界面是建筑、景观与其围合空间的交接面。边界不是某种东西的停止，而是某种新东西在此开始出现。界面也是如此，一种空间从这里终止，同时一种空间从这里产生。

下沉式公共空间的界面设计首先应该遵循协调统一的设计原则，在此基础上，可依据空间形式的差异化寻求界面的多样性。一般来讲，协调统一指的是在设计时使得下沉空间的界面和地上建筑在色彩、构成、材料等方面尽可能地保持一致。

1. 顶界面

顶界面顾名思义指的是某一空间的顶部界面，也可以理解为类似于天花板。下沉空间的设计中经常会出现连桥，它的底部所形成的顶界面也会对下沉空间产生一定的影响，比如上海凌空 SOHO 的下沉空间中以金属铝板为主要材料的连桥底部所形成的圆润有力的顶界面，为下沉空间带来了非常大的趣味性。

2. 侧界面

下沉式公共空间借助于侧界面来围合空间，侧界面是对人视角产生效应的核心界面，也是许多功能空间的展示界面。

3. 底界面

底界面通俗意义上来讲就是地面，这也是其狭义的一面，地面是与人关系最为紧密的界面，人在地面上行走、停留、嬉戏、游玩等，地面的舒适程度直接影响着人的心理感受。底界面最主要、占面积比例最多的则是地面铺装，铺装的形式决定了下沉空间的风格，如东京爱岛大厦的下沉空间的地面铺装，其椭圆形并且向外离心放射的铺装形式使得原本单调的下沉空间变得丰富起来，且具有艺术格调。底界面的构成还包括景观环境，比如绿地、水面等，都对下沉空间的整体舒适度有着重要的影响。

第五章 文化创意空间设计创新应用研究

文化创意空间是文化创意产业的空间载体，是承载创意人士创作、文化创意展示以及文创产品生产销售等各类文化创意活动的场所。随着时代的发展，文化创意空间设计愈发重要，本章即对文化创意空间设计的创新应用展开研究。

第一节 文化创意空间设计要求与原则

一、文化创意空间设计的要求

（一）满足艺术创作的需求

1. 创意阶层的概念及特点

影响文化创意空间最主要的因素之一是人在其中的活动。创意阶层的概念最早由美国经济学家理查德·佛罗里达提出，他在《创意阶层的崛起》（*The Rise of the Creative Class*）一书中写道："创意在当代经济中的异军突起表明了一个职业阶层的崛起。"① 理查德·佛罗里达觉得创意阶层往往会有许多共同的特点和价值观，例如年轻化，注重个性，喜欢灵活开放的生活与工作环境等。

创意阶层的主要人群为年龄 20 岁到 30 岁之间的年轻人，这跟文化创意行业特点有关，一方面年轻人乐于接受和创造新鲜的事物；另一方面，现在的文化创意工作往往依赖互联网、数字技术，年轻人很早就有机会接触到这些并能够熟练运用，这有助于创意活动的产生。创意阶层往往受教育程度较高，他们对生活品质和工作环境的要求高于其他行业从业者，所以，文化创意空间不仅

① ［美］理查德·佛罗里达. 创意阶层的崛起［M］. 北京：中信出版社，2010.

要提供必要的工作环境，休闲、运动空间和适当的娱乐设施也是必不可少的。

2. 创意阶层的行为模式

创意阶层大多都是艺术家、设计师和拥有各种才能的独立个体，他们一般个性独立、思想灵活，并且工作方式多样，有时候需要个人独立思考的空间，有时候却要通过团队交流协作完成工作，传统的办公空间虽能基本满足他们的工作需要，但是有种拘束感也过于刻板，这就要求文化创意空间的多样性，应尽量满足创意阶层使用上的灵活性和组织方式上的不定性。Loft 的大空间是常见的文化创意空间，因为它通过空间的自由分割能提供灵活的工作空间，更加烘托了工作氛围。

创意阶层不同于传统上班族的朝九晚五，他们每天工作的时间不固定，创意阶层使用的场地有可能同时具有工作、生活、休闲等功能。虽然每个时间点、每个场所都有可能产生创意灵感，但宽松的生活环境和开放的交往空间更能诱发创意活动的产生，所以文化创意空间的设计应通过提供交流、休憩等多种复合功能的空间来刺激创意阶层的创意灵感。

（二）满足旅游体验的需求

1. 旅游体验的概念及其内涵

经济形态经历了产品经济、商品经济、服务经济之后步入体验经济。旅游体验是旅游个体通过外部世界取得联系从而改变其心理水平并调整其心理结构的过程。这种过程是旅游主体和客体互相作用的成果，是旅游者在旅游过程中追求愉悦的全方位体验。随着旅游产品逐渐标准化和商品化，传统观光旅游已经满足不了如今的旅游者，他们追求的是通过视觉、听觉、味觉、嗅觉等全面地感受及体验。简单来说，旅游体验就是人们现在谈论的体验式旅游，游客通过旅游活动，来追求不一样的生活方式。游客通过欣赏各种演出和展览，或者亲自体验娱乐、创作活动，释放平日工作生活的压力，从而愉悦身心。除此之外，旅游体验还有教育、寻真和挑战、寻美和猎奇、自我实现等功能。

2. 旅游体验特征

（1）文化性。文化是旅游的原动力，旅游在一定程度上是为了满足旅游者自身对文化的需求，使物质和精神上同时得到满足。旅游资源都包含一定的文化内涵，这是景区为了吸引旅游者的到来，而赋予旅游产品的。另外，旅游环境的开发建设、活动项目的设计等都离不开相关人员的文化知识，文化素质较高的工作人员也能提供更优质的服务。这些都是高质量旅游体验的保证，所以说文化性是旅游体验的重要特征之一。

（2）综合性。旅游体验是一个综合性的活动，它涵盖了方方面面的因素，在旅游体验过程中旅游者得到的感受是自身认识、旅游客体、服务人员、旅游设施等因素综合作用的结果。此外，旅游产品本身就是一个综合性产品，它包含吃、住、行、游、娱、购六要素。旅游者与不同要素接触，会得到不同的体验，各个体验共同构成完整的旅游体验。

（三）平衡历史传承与时代发展之间的关系

文化创意空间既要呼应地区的历史文化、延续其城市精神内涵，同时也要体现时代的特色，满足当代人的生活、工作、休闲等要求。文化创意空间像一根纽带，联系着过去、现在和未来。因此，文化创意空间设计必须平衡历史传承和时代发展需求之间的关系，使两者在设计中得到更好的融合。

二、文化创意空间设计的原则

（一）整体性

文化创意空间涵盖的要素有城市文脉、社会文化、自然环境等，如果脱离了这些要素，创意空间会变得"水土不服"，也很难长久地吸引人们。所以，文化创意空间应该是城市及周边环境的空间体系中的有机组成部分，它的设计不能只关注自身的功能组织需求，而应在整体视野下，考虑周围环境空间体系的功能需求及与自身的关系，形成相互作用、相互联系的整体，使整体的空间体系功能得到完善。

（二）标志性和主题性

明确的功能形式往往能够诱导人们行为的发生。标志性和主题性包含了两层含义，一方面是随着创意产业的专业化发展和产业集聚现象的增多，许多文化创意空间逐步有了明确的定位，而文化创意空间能直接反映园区的产业特点。另外，明确的主题能给人清晰的形象特征，吸引同类产业的入驻，形成完善的产业链，这样能带动整个创意园区的发展。另一方面，在复合开发的文化创意产业区中，主题性能更好地标识身份，构筑品牌特色，避免业态单一。如上海八号桥定位为时尚的创作中心，它的园区就注重时尚元素的表达，在视觉上给人带来享受和冲击，其中有不少展示和聚会的场所。又如，杭州高新技术开发区（滨江）动画产业园、迪士尼乐园，都有明确的主题性。贴切的主题才更能吸引旅游者的到来，所以创意空间的设计应考虑明确的标志性和主题性。

（三）可达性

可达性是指创意文化空间在充分考虑整体功能的基础上，合理组织各种交通路线，保证良好的空间导向，使人们在明确的引导下，到达一定空间，进而发生相应的创作和体验活动。这就要求创意空间无论从整体规划还是内部规划都具备一定的开放程度，使人们更方便地进入和使用。

第二节　杭州历史街区文化创意空间设计

一、历史街区的概念及其保护与更新

（一）历史街区的概念

历史街区的概念最早是在 1964 年的 ICOMOS（国际古迹遗址理事会）通过的《国际古迹保护与修复宪章》中提出的。我国于 1986 年公布第二批国家历史文化名城时，正式提出了历史街区的概念。对历史街区的概念可以理解为：历史遗留下来的，在某一地区（城市或乡村）历史文化中占重要地位，能代表该地区历史发展脉络，并具有一定历史环境特征空间界限的城市（镇）地域。

此处讨论研究的"历史街区"为广义历史街区。从范围上看，广义历史街区既包括历史街区重点保护区，又包括历史街区传统风貌协调区。从内容上看，广义历史街区由物质形态和精神形态两部分组成。物质形态层面主要包括街区空间结构、界面特征、建筑风貌以及色彩体量等；精神形态层面主要包括情感记忆、公众生活、风俗习惯以及传统文化等。

（二）历史街区的保护与更新

1. 保护

历史街区保护包括物质层面与非物质层面两个方面。物质层面保护主要是指对历史街区的空间形态、界面特征、主要建筑风貌、颜色等方面进行保护。历史街区保护强调动态保护，保护目的是通过适宜性的保护策略使历史街区恢复活力，成为适应现代人生活需求的场所。

2. 更新

更新强调的是在保护前提下的更新，更新是为了更好的保护，同时也可以

提升历史街区活力。更新主要包括两个层面：一是街区层面，主要是对街区的功能结构、人文生态环境进行适宜性更新改造；二是建筑层面，主要是对历史建筑进行修缮、整治，同时对历史建筑的原有功能进行置换。

二、杭州文化创意空间与历史街区结合的必要性与可行性

（一）城市更新改造的需求

由于城市的承载力限制，城市规模不能无限扩张。随着城市化进程的持续推进，城市的存量用地逐渐减少，因此城市更新改造成为解决城市用地发展瓶颈的重要方式。同时更新改造也是对旧城区的复兴，使其在新时期继续发挥重要的作用，成为城市新的活力区域和城市经济的新增长点。旧城区一般聚集着众多的历史街区和历史建筑，通过培育和发展文化创意产业，促进二者的融合，一方面实现了旧城区的有机更新，另一方面实现了城市经济的快速增长。

杭州运河历史区域，由北向南贯穿了余杭、拱墅、下城、江干四个区，是杭州历史的现实见证。近代时期，由于便利的水利交通，运河区域大力发展漕运、船舶业，随后聚集了众多近代知名企业和配置完善的商业和居住社区，一度成为杭州最繁华的区域。由于经济结构的转型，运河历史区域渐渐失去了曾经的繁华，成为城市的"问题"区域。2002 年，杭州市把运河（杭州段）综合整治与保护开发列为城市建设"十大工程"之一，作为运河历史区域重生的标志。杭州运河沿线分布着众多历史街区，通过保护和更新，街区品质得到了整体提升，区域也重新焕发了活力。沿河荒废的旧厂房和仓库也借助了文创产业的春风，纷纷以新的形象呈现给大众，同时历史遗产得到了保护和重新利用，如由原杭州大河造船厂改造的运河天地创意园、由原杭州织带厂改造的唐尚 433 创意园等。

（二）历史街区的文化资源

作为城市发展的见证，历史街区是城市传统文化发生和高度聚集的地域，同时也是城市特色文化的重要载体。丰富的建筑与文化遗产、富有历史韵味的街巷空间以及生动的街区生活与文化共同构成了历史街区多样性的历史文化资源。随着城市的不断建设，城市很多历史地域遭到了破坏，历史街区也逐渐被环抱在现代城市空间中，城市旧的空间肌理（历史街区）与新空间肌理（现代城市空间）共同存在于城市中。现代建城市空间，其巨大的空间尺度让人们感到迷茫，而历史街区宜人的尺度成为当下人们所怀念和珍惜的，舒适的街巷尺度，亲切的空间氛围，这也是历史街区的魅力所在。正是如此，历史街区

可以较好地吸引文化创意空间的入驻。

历史街区体现一座城市的独特文化特质，提升城市的形象与影响力。历史街区是由城市道路网围合成的生活单元，具有很强的地域性特色，形成了城市独特的灵魂和形象。历史街区对形成居民认同感以及街区社会文化的延续具有重要的作用，对历史街区的关注，体现了人们意识到街区保持文化特色，避免同质化的重要性，这也为文化创意空间多样性创造了条件。另外，人们对历史街区保护理念也发生了转变，由原来的冷藏式保护发展到现在的开发式利用，通过将历史街区的丰富历史文化资源与文化创意产业结合的方式，既实现了街区文化在新时期的延续和再创造，又为文化创意产业提供了良好的生存环境。

（三）政府文化政策的指引

杭州文化创意空间与历史街区的结合离不开政策环境的推动。国家政策层面上，国务院颁布了《长江三角洲地区区域规划》，明确了杭州发展创意城市的定位，即将杭州建设为"建设全国文化创意产业中心"。城市政策层面，杭州依托自身的优越城市文化与创意环境，大力推动全市创意产业的发展，先后制定了一系列政策促进创意产业的发展，如《杭州市文创产业园区认定和管理办法》《杭州市文创产业特色楼宇认定和管理办法（试行）》《关于推进"工艺与民间艺术之都"建设十项举措》等文件。这为杭州文化创意空间研究提供了很好的现实基础，同时也为文化创意空间在历史街区中产生和发展提供了政策和经济支持。

（四）文化旅游机构的推动

消费方式逐步呈现多元的时代，历史街区文化创意空间作为新消费符号的出现，可以满足游客体验消费和情感消费的需求，这符合了文化旅游机构发展旅游与文化结合的需求。

文化旅游机构在推动历史街区与文化创意空间结合的过程中发挥着不可或缺的作用。文化与旅游机构具有宣传和运作的特权，在其推动下历史街区、历史建筑会获得更多的公众关注度。历史建筑具有丰富的历史文化资源，可以匹配多种文化创意产业业态，对于其中的旧工业类历史建筑而言，还具有独特的空间资源，可以承办多种文化活动。文化与旅游机构的引导与支撑为历史建筑再利用增添了活力。例如杭州西岸国际艺术区是由小河历史街区的原长征化工厂改造而成的文化创意空间。西岸国际艺术区，属于杭州运河改造五大工程之一，是由浙江博艺网络文化有限公司、杭州西岸投资管理有限公司两家文化与旅游机构联手打造。按照工作、居住、休闲的模式，旧工业历史建筑再利用通过改变其使用功能，经艺术化的处理后，转型为城市中富有创意的文化创意空间。

三、杭州历史街区文化创意空间设计的具体手法

（一）外部形式保护与重构

历史建筑与文化创意产业结合是历史建筑原有空间机能适应新的空间机能的过程，常常伴随空间置换和加建的情况，而历史建筑又不同于一般建筑，其具有一定历史文化价值，再利用一方面是为了焕发历史建筑在当下的活力；另一方面也是为了对历史建筑进行更好的动态保护，所以历史建筑再利用时，需考虑对历史建筑价值保护的基础上，再对其建筑外部形式进行重构，同时体现文化创意性。具体说来，建筑的外部形式保护与重构表现在建筑立面形式的设计、建筑细部与材质设计以及建筑外部设备协调三个方面。

1. 建筑立面形式设计

历史建筑根据综合价值被分为不同的等级，不同等级的历史建筑可以对其进行改造的限度不同。建筑立面形式设计分为两种改造方式：以旧形式为主、新旧和谐改造方式以及以新形式为主、新旧对比改造方式。

2. 建筑细部与材质设计

（1）建筑细部设计。历史建筑的细部可以反映建筑的尺度以及时代特征，是外部形式重构中的重点。再利用时，建筑细部设计通常采用两种设计方式：一种是新植入元素采用与原有细部相似的协调方式介入；另一种是新植入的元素采用与原有细部对比方式介入，各个凸显自身的特性，形成有张力的对话，达到新旧对比的美学。

（2）建筑材质重构。对于历史建筑再利用，是基于建筑旧材质进行的新材质植入过程，这对协调处理两者关系提出了较高要求。其中建筑材质的丰富性以及组合方式给建筑师带来更多的材质选择及运用方式，为建筑材质重构提供了客观依据。

历史建筑再利用是伴随着新材质植入的过程，建筑材质种类的多样性也给历史建筑再利用提供了多种可能，同时不同材质之间组合技术的提升，也给新旧材质组合提供了技术支撑。介入的新材质以何种姿态与原有材质相处是再利用过程中新旧材质关系的思考重点，在杭州文化创意空间再利用案例中，再利用根据原有的使用功能、立面形式以及历史建筑的材质要求，选择适宜的新材质植入方法。总的来说，主要分为两种植入方式：一种为延续式植入，即对原有材质进行解构，选择性提取适用的元素作为新材质，并运用到再利用改造表

现中，新材质以非常谦卑的姿态与原有材质对话。另一种为更新式植入，即原有材质无法满足新空间的功能需求，或者不能较好地体现文化空间主题时，需要新材质介入，以丰富其表现，常常采用与原有材质相似材料（包括质感、颜色等方面）进行立面重构，以求与原有材质达到和谐状态。但新材质也可以以一种新材料介入，与原有材质形成鲜明的新旧对比，营造新旧对话的氛围，同时也使空间主体可以感受到不同时代的建筑特征。

①材质的对比：纵观历史建筑，它们的基本材料主要为石砖、木头、混凝土等。在更新中，改造植入的部分通常是新形式和新材料，这与旧建筑的厚重朴素有很大不同，最终出现材质的强烈对比现象。

例如杭州工艺美术展览馆，原为三层高的旧工业厂房，由于新功能的需求，屋顶在改造过程中加建了一全玻璃幕墙。玻璃幕墙从材质特性以及大尺度感与加建前的马赛克墙面形成了鲜明对比，同时在它们的面积比例以及材质轻重方面，相对于原有建筑，玻璃幕墙的运用带来了强烈的点缀与强调效果。

②尺度的对比：尺度的相近造就和谐，尺度的差别带来对比。随着当今建筑技艺的提升，传统材料的重构工艺更为丰富，能制造大体块的材质，如玻璃幕墙等；材质尺度的更新对比反映了生产方式的变迁，在此冲击下，原有建筑获得了新旧平衡感。

例如在杭州西岸国际艺术区，基于功能和空间的要求，建筑师在外立面改造中，整面玻璃盒子通过体块穿插的方式嵌入原有建筑，玻璃盒子和原有材质明显不同的尺度，带来了鲜明的对比效果，旧建筑的小网格砖石墙面与大面积的玻璃幕墙映射出历史的沧海桑田，这是一种营造四维空间的设计手法。

3. 建筑外部设备协调

在历史建筑再利用中，设备系统一直是重要的议题之一。因为现行规范的需要或者新空间使用的需求，历史建筑再利用时需要更新设备系统，包括空调设备、防火设备、各类管线设备。而现实中存在很多直接将设备系统搁置于历史建筑立面上的现象，这种做法既影响建筑的美观，也破坏了历史建筑的价值，故不可取。现在在再利用过程中，通常采用隐蔽式方法处理设备问题，使设备与旧空间相融合。

（二）内部空间延续与置换

空间是承载人类活动的载体，历史建筑再利用为文化创意空间，空间的活动由原来可能的居住、商业或者工业生产活动最终都转换成与文化创意相关的活动。由于再利用前后使用机能的变化，原有空间不可避免地需要重新组构。

由于承载活动与使用需求不同，历史建筑空间呈现多样性特征，表现在空间形态、空间布局以及空间组合方式等方面。历史建筑的原有空间的多样性也给再利用的方式提供了多种可能性。再利用过程中，历史建筑内部空间改造主要有两种重构方式：一种是建筑内部空间的延续方式，主要包括空间布局的延续、空间动线的延续；另一种是建筑内部空间的置换方式，包括水平重构、竖向重构。

1. 建筑内部空间的延续

建筑内部空间的延续是指再利用过程中，对原有建筑空间的布局、空间动线等进行保留延续的改造方式。一般新旧空间之间具有较好的匹配关系时，常采用此重构方式。由于对原有空间不需要进行较大程度的改造，空间延续性设计既可以延续历史建筑的空间特征，又可以减少改造的成本投入。

2. 建筑内部空间的置换

建筑内部的空间置换，是指在保持建筑外形及室外场地环境不变的情况下，以原有建筑空间为主体，通过置换和重构建筑内部功能、空间形态、空间布局及组合方式对建筑内部进行改造的一种方式。根据原有空间与置换空间的匹配程度，制定不同的置换策略。匹配程度高时可通过改变隔墙、隔断等调整局部空间的手法，实现建筑内部空间的重新划分，有利于历史建筑本体保护；匹配程度较低时，往往需要通过更为复杂的手段，经历较大规模的改扩建过程才能达到满足需求的目的。

从空间的水平置换与重构来看，南宋御街猫的天空创意商铺就是一个较好的例证。该创意商铺原为杭州较典型的传统下店上居式商业建筑，建筑坐西朝东，两坡青瓦屋面。再利用时，一层空间延续了原有空间布局，二层空间在结构稳定的前提下，通过将原来居住空间的隔墙打通，沿用底层原有空间布局，保证二层结构稳定的前提下，整合成满足消费者阅览、休闲的开敞连通的空间。合并式的空间整合方法能够满足旧建筑新功能的需要，让旧建筑焕发新的生机与活力。

（三）外部环境更新与塑造

外部环境作为历史建筑再利用的文化创意空间的重要组成部分，为文化创意空间承担内部功能的延伸、文化创意的表达、特定主题的营造等多项功能。由于现状条件、空间特质以及保护程度等因素不同，历史建筑再利用方式存在差异。为了使历史建筑在延续其历史文化的同时焕发出新的活力，再利用时需采取适宜性的外部空间改造策略。历史建筑外部环境具体的改造手法包括：原有环境的整治、传统元素的重构以及现代元素的植入。

1. 原有环境的整治

人们对建筑的认识是从其外部环境的体验开始的，外部环境的舒适度和视觉的观赏性成为影响外部空间品质的重要因素。积极的空间环境和高品质的空间体验可以吸引更多游客与文创机构，一方面给历史建筑增添了活力；另一方面也提高了再利用的经济价值。

2. 传统元素的重构

通过传统元素的重构方式对历史建筑外部环境进行改造，可以营造良好的文化氛围，也增加了空间的历史情感体验。传统元素在外部环境中的重构表达主要有基地历史元素延续和建筑特征元素重构两种方式。基地历史元素保留方式是指对原有外部环境中具有重要历史价值和情感价值的历史元素进行保留处理，建筑特征元素重构是指从历史建筑中提取可以反映历史建筑风格特征或生产工艺的元素，再结合再利用的空间需求进行重构的方式。

3. 现代元素的植入

再利用的文创空间，有时需要通过植入现代元素的方式，进行外部环境的更新改造，来迎合特定的主题或者营造特定的创意氛围。同时现代元素在材质，形式方面与旧元素形成具有张力的新旧对话，提供消费者不同时代特征碰撞与交融的体验。

例如南宋御街，是杭州有名的创意休闲街区。在更新改造中，主要通过原有环境整治、传统元素重构以及现代元素重构三种方式，对历史街区外部进行更新与塑造。在道路景观、街巷空间等方面对原有环境进行整治，达到提升街区外部空间品质的目的。原有环境具体整治方式有：在街巷道路上，对街道违规搭建进行拆除，将道路宽度拓宽到原有御街宽度；在街道空间整治上，采用户外百叶窗方式，对建筑空调外机遮掩，达到统一立面形态以及与街区风貌协调的目的，采用雨棚，实现传统建筑内涵的延续。

第三节　企业孵化器新型办公空间设计

一、企业孵化器的概念

"孵化器"原译自英文 incubator，原指孵化禽卵的保温箱。企业孵化器的概念最早是由美国人曼库索提出来的，到今天为止已经出现了几十年。在1959 年美国纽约州的贝特维亚县，时任曼库索商业集团经理的约瑟夫·曼库索创建了一家名叫贝特维亚工业中心的综合性服务企业。该中心运营多年后，曼库索潜心总结经验，提出了企业孵化器理论。曼库索理论的提出标志着美国乃至全球孵化器事业发展的开始。然而，在 20 世纪 80 年代以前孵化器产业并未受到经济社会的足够重视，原因在于当时美国和其他西方国家在发展模式和经济战略上采取了招商引资的整体战略。

直到 20 世纪 80 年代以后，随着全球经济一体化进程的不断加快，以网络、芯片等产业为代表的新兴产业。在随后的 20 世纪 80 年代中期，特别是 20 世纪 90 年代迅速发展，创造了高新技术中小企业快速发展的黄金时期。在此背景之下，企业孵化器作为一种提高企业活力、帮助企业快速增长的有效经济手段，逐步进入各国的发展视野，并获得了快速的发展。

美国孵化器协会（National Business Incubation Association）将孵化器定义为在新创立的公司最脆弱的时期帮助他们渡过难关和成长的组织。企业孵化器主要用于向入孵企业提供一个企业聚集的空间，在空间内为初创企业提供创业所需的各种物质条件和基本商业服务，用以弥补初创期企业资金、经验、人才等方面的缺陷，从而提高中小企业存活率，降低企业运营成本和风险。这样初创企业就更容易顺利发展，获得成功。

实际上，孵化器是一种工作环境，这种工作环境是受控制的，它是专门为了培训新生企业而设计的。在企业孵化器的环境中，通过创造一些稀缺条件支持、训练和发展一些中小企业。科技部在《关于加快高新技术创业服务中心建设与发展的若干意见》中明确提出：孵化器是一种社会公益性质的科技服务机构，它是高新技术企业技术创新的基础，是促进科技成果转换、培养最新经济增长点的有效手段。[①]

理论界认为，企业孵化器主要是通过提供系统、完善的基础设施、管理服务、资金渠道等，为新创企业的发展和成长提供帮助的企业运行形式。同时，企业孵化器也是一种为培育和发展新创企业的工作环境，在这种环境中，通过创造一些条件来实现新创企业的快速发展。

二、企业孵化器新型办公空间设计的具体策略

（一）旧空间的再活化

旧空间的再活化，不是单纯的旧建筑改造，而是根据原建筑类型，总结分析其优势与劣势，从而取长补短因地制宜，为废弃建筑赋予新的生命。这里以旧车间改造为新型办公空间为例进行说明。

---

① 龚伟，丁胜利. 企业孵化器教程［M］. 武汉：武汉出版社，2001.

位于慕尼黑的西门子工作室原本是一个废弃车间，内部供暖设备简陋，中央空间采光质量极差，大量的钢铁支架构造因绝缘问题存在着非常大的安全隐患。于是建筑师们搭建起与原建筑顶面完全隔离的第二层屋顶。这种屋顶采用了双轴拉线薄膜技术，使得屋顶下方的室内区域重获自然光线，并且具有良好的吸声效果。薄膜内壁涂有氟塑料，有效地起到了防火功能。双层屋顶不仅仅为室内提供了自然光线，还为室内环境带来了良好的隔热效应。与此同时，设计师们将车间内地面高度抬高 40 厘米，地板与地面间的狭小空间不但隔热，还可隐藏设备电线与通风孔。

经过设计师们的悉心改造，原本漆黑的车间被改造成具有良好采光、适合人们长期生存的办公空间。最重要的是，在改建过程中，以最低廉的成本挽救了即将成为建筑废弃物和环境污染物的车间，并让它延续生命，发挥着自身价值。

（二）基于可持续发展理念的办公空间照明系统

光照对于人影响的重要性是众所周知的。例如在生活中，人们通过光线对时间进行判断；在医学中，医生利用光来治疗患者精神紊乱等疾病。据有关医学数据表明，光线照明强度较高时可减轻人的疲劳，光线强度持续变化时对人有较强的刺激性，视觉环境单调时会导致人疲劳，所以创造高质量照明办公环境对于工作者来说至关重要。如何将可持续照明设计的理念贯穿于照明设计实践中，还要满足人们有关能见度、作业成绩、视觉舒适度、人际交往、情绪氛围、审美与健康安全方面的需求，也是办公空间一项系统性的优化任务。

以下介绍一项利用太阳能的多功能性质达到办公环境采光最优化的案例。

费马·加特纳建筑公司安装了一套十分精密的采光系统，通过办公人员的自由调节，得到良好舒适的照明效果。这座办公大楼利用楼顶的天窗和穿孔的天花板吊顶来采集光线，北向窗口则通过屋顶上倾斜一定角度的铝制天窗的反射作用取得光线。整个办公空间的照明防护系统主要组成部分之一就是建筑南北面的倾斜式玻璃天窗，窗户可调节的倾斜度与其表面的条形底纹可确保将光线直射或反射入室内，使办公空间获得均匀的照明。除此之外，该公司对调整光线强度等细节方面的处理也十分成熟，室内的玻璃纤维纺织窗帘可以有效抵制刺眼的光芒。

以同样的原理，在德国威斯巴登市的一座建筑上，也进行了相似的光照防护系统设计。不同点在于，他们用反射性较强的铝箔来代替毛玻璃，利用电动机对这些反射器进行角度上的调节，使阳光被充足利用起来。

灯光的价值绝对是毋庸置疑的，但从经济角度和人机工学来看，日光不仅仅有助于能源的节约，更能提高使用者的舒适度，帮助人们调节生理激素从而保持身心健康的良好工作状态。

（三）融入情感因素的企业孵化器新型办公空间设计

现代"回归自然""尊重地域文化""高舒适度"等对办公环境一系列形容词的提出，都是从缓解工作者压力，通过提供良好的体验感受带给工作者舒适的工作情感出发的。比如，被称为"世界上第一座活着的、能够自由呼吸的高层建筑"的法兰克福银行总部大楼，运用了生态原理，将 4 个空中花园插入其中，这些花园朝向城市里的不同景观。这样拥有丰富植物的花园景观，同时帮助办公空间进行换气，为办公空间创造了良好的工作环境。

在企业孵化器新型办公空间设计中，设计者在考虑了生理尺度的同时，还要对工作人员的心理尺度进行"测量"，如工作者的私密性与开放性之间如何权衡。人性化的办公空间应满足这两种尺度，才能真正提高空间的舒适度。

情感设计并不仅仅指代人与环境的情感，还指环境中人与人之间的情感碰撞，这绝对离不开交流。先从最小的工作单元"个人办公"开始分析。个人办公的基本单元无非是由办公桌椅和一个基础活动空间所组成，而企业中一个项目往往会以个人、小组或团队的工作方式进行下去。小组办公中，组员相对独立，大家都有共同的实现目标；团队办公与小组办公相同之处在于都有共同要实现的目标，不同点在于团队内部的员工工作具有连续性，有较强的凝聚力。通过分析不同的工作模式，在创新型办公空间，才能提供不同的办公单元的科学布局，便于人与人之间的交流。

空间的平面布局也同样影响着交流的便利程度，在过去为了减少交通面积给人们带来的路程消耗，通道区域被尽量做到最小。而今天为了鼓励员工之间的沟通，通道面积有所增大，加长员工在通道中的逗留时间，使人们有更多自然相遇的机会，进行更多偶发性的交流。

第六章　公园环境设计创新应用研究

公园是供公众游览、观赏、休息、健身、开展科学文化交流等活动，有比较完善的设施和良好的绿化环境的公共空间，是绿地系统不可缺少的重要组成部分。作为重要的公共开放空间，公园不仅是居民的休闲游憩活动场所，也是居民文化的传播场所。公园景观设计不仅要考虑公园中各景观要素之间、人与自然之间的和谐关系，还要综合考虑公园的主题、空间、功能等方面的合理性，进而使人们能够在公园中得到视觉、听觉、触觉等各方面的享受。

第一节　公园设计概述

公园的设计以国家、省、市（区）有关城市园林绿化方针政策、国土规划、区域规划、相应的城市规划和绿地系统规划作为依据。

一、公园设计的原则

（1）为各种不同年龄的人们创造适当的娱乐条件和优美的休息环境。

（2）继承和革新我国造园传统艺术，吸收国外先进经验，创造与国际接轨的现代新园林。

（3）充分调查了解当地人民的生活习惯、爱好及地方特点，努力表现地方特点和时代风格。

（4）在城市总体规划或城市绿地系统规划的指导下，使公园在全市分布均衡，并与各区域建筑、市政设施融为一体，既显出各自的特色、富有变化，又不重复。

（5）因地制宜，充分利用现状及自然地形，有机组合成统一体，便于分期建设和日常管理。

（6）正确处理近期规划与远期规划的关系，以及社会效益、环境效益、经济效益的关系。

二、公园设计的基本形式和内容

公园的布局形式多种多样，但总的来说有以下三种。

（一）规则式

规则式公园又称为整形式、几何式、建筑式、图案式公园，以建筑或建筑式空间布局作为主要风景题材。它有明显的对称轴线，各种园林要素都是对称布置，具有庄严、雄伟、自豪、肃静、整齐、人工美的特点。但是，它也有过于严整、呆板的缺点。

18 世纪以前的埃及、希腊、罗马等西方古典园林，文艺复兴时期的意大利台地建筑式园林，17 世纪法国勒诺特平面图案式花园，我国北京天安门广场等都是采用这种形式。

（二）自然式

自然式公园又称为风景式、山水式、不规则式公园。这种形式的公园无明显的对称轴线，各种要素自然布置，创造手法是效法自然，服从自然，但是高于自然，具有灵活、幽雅的自然美。其缺点是不易与严整对称的建筑、广场相配合。

例如我国古代的苏州园林、颐和园、承德避暑山庄、杭州西湖等为自然式公园。

（三）混合式

混合式公园是把规则式和自然式的特点融为一体，而且这两种形式与内容在比例上相近。总之，由于地形、水体、土壤、气候的变化，环境的不一致，公园规划实施中很难做到绝对规则式和绝对自然式。往往对建筑群附近及要求较高的园林种植类型采用规则式进行布置，而在远离建筑群的地区则以自然式布置较为经济和美观，如北京中山公园和广东新会城镇文化公园。在规划中，如果原有地形较为平坦，自然树少，面积小，周围环境规则，则以规则式为主；如果原有地形起伏不平或丘陵、水面和自然树木较多处，面积较大，则以自然式为主；林荫道、建筑广场、街心公园等多以规则式为主；大型居住区、工厂、体育馆、大型建筑四周绿地则以混合式为宜；森林公园、自然保护区、植物园等多以自然式为主。

三、公园规划的内容和规模

公园设计必须以创造优美的绿色自然环境为基本任务，并根据公园类型确定其特有的内容。

综合性公园的内容应包括多种文化娱乐设施、儿童游戏场和安静休憩区，也可设游戏型体育设施。在已有动物园的城市，其综合性公园内不宜设大型或猛兽类动物展区。全园面积不宜小于 10 公顷。

儿童公园应有儿童科普教育内容和游戏设施，全园面积宜大于 2 公顷。

动物园应有适合动物生活的环境，游人参观、休息、科普的设施，安全、卫生隔离的设施和绿带，饲料加工场以及兽医院。检疫站、隔离场和饲料基地不宜设在园内。全园面积宜大于 20 公顷。

专类动物园应以展出具有地区或类型特点的动物为主要内容。全园面积宜在 5～20 公顷之间。

植物园应创造适于多种植物生长的环境，应有体现本园特点的科普展览区和相应的科研实验区。全园面积宜大于 40 公顷。

专类植物园应以展出具有明显特征或重要意义的植物为主要内容，全园面积宜大于 20 公顷。

盆景园应以展出各种盆景为主要内容。独立的盆景园面积宜大于 2 公顷。

风景名胜公园应在保护好自然和人文景观的基础上，设置适量游览路、休憩、服务和公用等设施。

历史名园修复设计必须符合《中华人民共和国文物保护法》的规定。为保护或参观使用而设置防火设施、值班室、厕所及水电等工程管线，也不得改变文物原状。

其他专类公园，应有名副其实的主题内容。全园面积宜大于 2 公顷。

居住区公园和居住小区游园，必须设置儿童游戏设施，同时应照顾老人的游憩需要。居住区公园陆地面积随居住区人口数量而定，宜在 5～10 公顷之间。居住小区游园面积宜大于 0.5 公顷。

带状公园，应具有隔离、装饰街道和供短暂休憩的作用。园内应设置简单的休憩设施，植物配置应考虑与城市环境的关系及园外行人、乘车人对公园外貌的观赏效果。

街旁游园，应以配置精美的园林植物为主，讲究街景的艺术效果并应设有供短暂休憩的设施。

第二节　开放式城市公园优化设计

一、拦阻

拦阻是指运用设计的手段限制游人行为，或暗示游人不要做出破坏性行为，这是与游人主观意愿相悖的设计行为。拦阻可以是有形的拦阻，也可以是无形的拦阻。

（一）有形的拦阻

有形的拦阻是指设置有形的障碍，是利用视觉的拦阻，包括设置围墙、运用水面隔离、设置路障、运用高篱阻挡、加高围栏、设置高堡坎等。

（二）无形的拦阻

无形的拦阻是指通过设计，给游人心理所造成的暗示。侧重于心理暗示，而没有明确的实体进行拦阻。例如不同材质的地面、不同色彩构成，都会对使用者的心理造成影响。

（三）拦阻的强度和效果

因其手段的不同，拦阻的强弱度也有所不同。有形的拦阻通常比地形高差设计的无形的拦阻的强度要高；而在有形的拦阻中因其拦阻介质的不同，其强度和效果都有所不同。

拦阻的强度还因为拦阻介质的视线可透过性不同而不同，视线透过率越低，则拦阻的强度越高。例如，砖砌的实心围墙和可透出园内外景色的栏杆式围墙，后者的翻越人数肯定多过前者。但同时，地形高差所设置的拦阻例外，即使能看到其内外所有的状况，大多数游人也不会做出跳下堡坎等较危险的行为。

拦阻是较为消极的设计对策，其能有效消除的破坏性行为有限。如游人做出践踏绿地、在景观水体中戏水等行为可能是受其想要亲近自然地天性影响，运用强制的手段将游人与可能会造成破坏性的事物隔离，与游人的意愿相悖，与公园的人性化设计原则不符。并且，设置过高的绿篱和围栏、用植物将绿地完全围合，难免使绿地显得生硬而没有亲和力。试想，若目力所及都是被围起来的绿地，景观效果将大打折扣。因此，拦阻手段的运用要适度，并可以结合其他设计对策达到预期效果。有形拦阻还需要根据场地环境设计设置，包括拦阻物的外形和形式，如果能进行较好的艺术设计，融于环境之中，或能成为环境中的亮点。

二、偶合

与拦阻相反，偶合是指迎合游人需求的设计行为。通常，在设计中所提到的"以人为本"的设计原则，就是指以人的行为意愿作为设计指导进行规划设计。公众参与设计、公园环境问卷调查等手段都是为了获得游人在公园中的行为意愿，从而以其作为设计依据的设计方法，在规划设计中探寻设计与游人需求的偶合性，这也是现在设计师在设计预期时所运用的手段。

纯粹的偶合性设计就是迎合游人的设计行为，游人需要什么，就给他们什么：给希望停留的人们以停留的空间；为想要获得新奇刺激感的儿童安排新奇好玩的儿童活动项目；为蜿蜒曲折的步道上散步的人们提供可休憩和观察的小空间，并在沿路安插景观兴奋点。对于游人破坏性行为来说，就是游人想要钓鱼就为他开设钓鱼的区域，儿童想要爬树，就在儿童活动场地专门设置这样的设施。即设计者可以通过提供设施来满足使用者最为迫切的需要，从而让他们放弃原有的行为方式。

三、引导

游人所作出的破坏性行为并非全部都是自身的错，也有设计的原因。设计可以引导游人按照设计者的意图做出相应的行为，但是为了能顺利的引导，需要坚持两个原则：如果你不愿意把某件东西让人们以一种预见到的方式加以使用，那么，一开始就不要把它放在那里；如果你想让人们按照某一特定目的去使用东西，那么就尽量将你的目的表达清楚。

引导的方式有很多种，例如运用标志牌、道路的导向性、空间的导向性等。

1. 标志牌

一个公园里需要有完整的解说和标志系统。标志牌是最直观的设计语言，明确地给游人以行为导向。

当然，在公园中也有标志牌本身被破坏的例子。但是当公园中有一个具有公园特色的、形象鲜明的标志牌出现，一定能得到游人的喜爱，而谁会破坏自己喜欢的东西呢？

2. 道路的导向性

园路是公园绿地中的重要组成部分，贯穿于主园各景区的景点之间，它不仅引导人流，疏导交通，并且将园林绿地空间划成了不同形状，不同功能的一系列空间。良好的路网设计有助于顺利地引导游人到不同功能区，减少破坏行为的发生；反之，若引导不当则是促使游人做出破坏性行为的原因，正如锐角交叉的道路容易使游人失去方向性或是做出"裁角"抄近路的行为，道路对于游人的行为心理具有影响力，设计者应该运用路网设计引导游人，避免破坏性行为的发生。

道路的起伏变化、曲折变化和道路的铺装变化都能给人以心理引导。利用人对环境知觉的记忆，可以将散步的游人引导到蜿蜒于绿地中的小径，也可以将匆匆而行的人引导向笔直的快速穿越通道，将两种步行目的的人流分流，并且将可能会出现游人驻足停留的空间放大，避免拥挤的情况出现，都可以有效地减少游人破坏性行为的发生。

3. 空间的导向性

不同的空间具有不同的含义，或是一个空间具有多种含义，能给处于其中的使用者以心理暗示。例如，在纪念园里，游人会不自觉地变得安静而规矩。

设计中，将不同的空间隔离开来，有致地安排在公园的各个区域，将游人分散，也为不同需求的游人找到喜欢的空间。孩子们的喧闹和嬉戏是他们活泼好动的天性使然，他们需要色彩丰富的、具有刺激感和新奇感的空间，例如绿篱带凹处的袋状空间；青少年的青春飞扬和不羁是青春的展示，他们需要一个能展示他们自己，但又能在他们想要独处时私密性较强的个人领域；而老年人则需要一个安静休息的空间，不会距离公园边界太远，但又能看到公园中其他人的活动，那么传统园林中的隔与漏的设计手法可以创造出适合于老年人的空间。

在有条件的情况下，明确各个活动空间的活动内容，将不同活动的人群分开。如打羽毛球的场地、健身的场地、集体操的场地、大合唱的场地等，但要注意空间的边缘效应，将点、线、面三种空间相互结合，营造适于游人的空间。当游人找到属于自己的空间后，能减少他们在不适合的空间做出的破坏行为。

此外，不同的空间形态也能影响游人的行为，例如线性空间的流动感较强，能用于游人行走的诱导；环行空间聚心性较强，可作为聚会空间；而怪异的异性空间能给人恐惧、难受、新奇等不同感受，使游人滞留或快速离开。

四、规避

规避是指具有预见性的从设计上避免做出可能会引发游人破坏性行为或加剧环境破坏负担的规划设计的行为。

首先，尽量以节约性原则为指导，采用科学可行的节约资源措施，减轻开放式公园的经济负担；或者，通过选择低成本、适合粗放管理的造景材料和合理的景观规划方式，创造节约型的开放性公园景观。例如草坪的草种选择不仅仅以美观为指导，而是要选择耐践踏和粗放管理的草种；公园中的休息设施要选择造价合理的，耐磨抗敲击的，而不是仅仅考虑其外观造型；公园中的车行道路面不能选用花岗石等一类材料，即不抗碾压又价格偏高，且车行道最好不与核心场地相交，避免破坏场地完整性；公园中的树种不能都是名贵树种或大树，要尽量选用便宜而适于当地生长的乡土树种。

其次，要有预见性地考虑到游人可能做什么样的破坏行为，而避免诱发这种破坏行为。例如，既然游人喜欢到绿地中的景石上坐，就在景石周边设小场地，或在景石等游人可能坐憩或攀爬的景观小品周边铺设碎石子等避免游人对绿地造成破坏的异质性元素；或是将儿童可能会攀爬的小品放到场地上，而不是绿地中。

第三节　基于环境认知的城市防灾公园景观设计

一、基于环境认知的景观设计原则

（一）安全优先原则

安全性是城市防灾公园景观设计的基本宗旨和方针，也是环境认知对防灾公园建设的基本要求。无论从视觉、空间还是功能上来讲，确保避难人员人身安全，将人身和财产损失降到最小是防灾公园环境设计所要遵循的最基本的原则。

（二）平灾结合原则

城市防灾公园具有"平"（平时）、"灾"（灾时）两种功能，必须坚持平灾结合的原则，即将平时功能与灾时功能有机地融合为一体，将两种环境认知模式协调统一。因此不仅要了解平时的环境使用功能（满足一般城市公园的规划设计要求：美化环境、保持城市生态平衡、供居民游憩休闲、强身健体及旅游服务功能）也要注意加强其灾时的环境认知与理解，即当突发事件发生时，防灾设施启用发挥防灾救灾功能。

此外，进行防灾公园规划建设时要特别注意景观小品的设计，以防灾避难功能为主旨，在平时发挥作用的同时，防止影响今后的避难救灾工作的开展。例如防灾公园中洒水装置的设计，平时可以用于植物灌溉、造景设施，而在灾害来临时可以成为防火设施，也可以用于生活用水设施，这就需要其设计的位置合理，在植物覆盖的周围以及生活广场的附近，而不是在一些无关紧要之处。

（三）可识别性原则

强烈的可识别性对于城市防灾公园的环境设计至关重要，也是环境认知中强调的重要环节。可识别的环境在建立人们的控制感方面发挥着重要作用。有利于人们准确定位，明辨方向，寻找目标，避免盲目地寻找造成混乱。尤其是在灾时的避难逃生阶段可以准确地辨别逃生方位，寻找救助中心，及时有效地获得救助。

防灾公园中的可识别性体现于景观小品以及道路、植物等各个环节，比如道路的设计要具有明确的导向性与识别性，在设计时要充分利用图案、造型、宽度尺寸、色彩等元素设计尽可能有规律可循，层层相连、秩序统一，使人们能够迅速地找到方向，避免迷失。

（四）可达性原则

道路的通畅与便捷是城市防灾公园设计的基本原则之一，也是保障避难人员及时有效避难、顺利开展救援活动的关键，因此防灾公园的空间布局要通达灵活。一般其出入口和周边形态的合理设计，有利于人群疏散与通行，保证灾难来临时避难者可以从各个位置迅速进入防灾公园避难。其次，采用合理的色彩和材质增强道路的导向性，保证避难通道的可达性，不仅可以明确防灾道路的方向，而且有利于加强各区域之间的联系，形成相互贯通的有机整体，便于灾时的逃生行为与救援工作。

二、防灾公园景观设计实践——以徐州市三环北路防灾公园为例

徐州市三环北路防灾公园位于江苏省徐州市鼓楼区，为徐州市首个防灾公园建设项目。该区域影响较大的几种自然灾害为：地震、泥石流、滑坡、地面塌陷、洪水、雨涝等。

（一）植物景观设计

公园中的种植设计根据适地适树原则，充分利用乡土树种；注重平灾结合，突出植物的生态景观功能，并发挥植被的防灾作用；强调景观的季相变化

以及特色景观区域的塑造，增强不同空间功能的可识别性。

结合公园的主题和功能定位，营造契合不同区段主题的植物群落景观。将整个公园划分为不同的种植区段，具体包括：防护隔离种植区和滨河绿化种植区。公园中央主要有广场种植区、康体健身种植区、特色花园种植区和生态油气景观种植区。树种选择以乡土植物为主，布局考虑平灾结合，满足丁万河生态廊道、景观游憩和防灾避险的功能需求。防护隔离种植区选用的骨干树为木荷、大叶女贞、银杏等，灌木以夹竹桃、珊瑚树等为主。在注重防灾功能的同时，配以春暖开花的宿根花卉和常绿地被，通过丰富的植物群落营造良好的观赏效果。滨河绿化种植区位于靠近水岸线绿地，要注重植物围合形式与自然生态功能的发挥。

主题广场种植区主要是防灾教育主题广场和救灾演练广场区域周边的植物种植，以茂盛的乔木为主，注重常绿树种、落叶树种搭配。植物种植考虑平灾转化，避免过于复杂的植物结构层次，种植密度满足灾时棚宿区设施安置需求。平时突出主题背景和景观游赏功能，灾时满足作为疏散、棚宿、医疗急救、应急指挥等场地要求。

滨河主广场和茶室周边，因靠近规划商业用地和设计的滨河茶室，植物种植风格与商业休闲氛围相吻合，主要以株型优美的园景树为主，规则式种植和自然式种植有机结合，形成商业餐饮建筑的延伸休闲空间。

康体健身种植区覆盖了乐活园的大部分区域，在篮球场、室外健身场周边，选用冠大荫浓、无落果飞絮的乔木，挡风阻尘、遮阴送爽，局部点缀棣棠、木槿、红叶石楠等灌木，为游人创立独立、简洁、美观、舒适的运动空间。特色花园种植区主要包括芬芳花园、养生花园、亲子乐园特色主题小花园，植物种植根据游园的主题分别选择具有方向、保健等功效的树种，营造群落配置层次丰富。

生态游憩景观种植区在公园腹地，景观水池、休憩广场、次入口周边，植物种植结合场地游憩或景观需求，运用园景树、色叶树以及宿根花卉，营建宜游、宜赏的景观植物群落。特别是休憩广场西侧种植东京樱花，日本晚樱营造出和谐、浪漫的林下空间，供人游憩欣赏。

（二）防灾设施设计

1. 应急指挥中心与应急医疗救护中心

在防灾教育景观区中防灾教育景观道东侧与演练广场相接，广场西侧设置两层的公园管理中心，面积为 1055.7 平方米。平时作为公园的管理中心、游客服务中心以及茶室，灾时转化为应急指挥中心、应急医疗救护中心。其结构采用混凝土框架结构，考虑到平时管理与灾时的运输及指挥，将应急指挥中心与救灾演练广场和直升机停机坪设于同一区域。

2. 应急储备仓库

在丁万河南岸，公园西侧，紧邻河岸处，设置面积为 367.40 平方米的茶室，造型以曲折的长条形展开，以获求最大的景观空间。平时作为人们休闲品茶的休息空间，在灾时可以作为应急储备仓库。屋顶种植佛甲草等植被，降低建筑能耗。

3. 应急厕所

由于灾时棚宿区人口较多，因此公园沿主路设置 5 处小型公共厕所，共有蹲位 90 个，于棚宿区下风向设置隐蔽的厕所，平时覆盖于草坪下面，灾时启用。

4. 应急停车位

公园在河道北侧邻近商业用地处布置 2 处主要停车场，分别能停放 98 辆与 48 辆小型机动车。在河道南岸西侧设置了一处小型停车场，可容纳 34 辆机动车。在北岸及南岸入口处共设置了 4 处非机动车停车场，可停放 300 辆非机动车。统计 3 处停车场共计停车位 180 个，除此之外设置 2 处应急停车场，可以在灾时启用，平时则不开放使用，可停放 40 辆小型机动车。

5. 应急停机坪

公园的东部，直径 40 米的平坦空旷的草坪设置为应急停机坪。设置了起降灯、风向标等必备设施，平时作为阳光草坪，灾时启用。

第四节　基于人口老龄化背景下的长沙市城市公园设计

一、城市公园适应老年人需求设计原则

（一）安全性原则

人们通过视觉、听觉、触觉等各种感官功能来感知不安全因素的存在，以避免危险的发生。老年人的感官功能不断退化，一些感官功能不健全，一些对于其他健全成年人很安全的地方对他们却很有可能造成危险。在设计中，应当避免这类事故的发生。

为了适应老年人对于户外环境的安全需要，设计者在设计的过程中必需考虑到老年人的现实安全需求，严格执行无障碍设计标准。

（二）通用设计原则

通用设计是无障碍设计从基本的尺寸满足到尺度合理再到满足舒适程度要求的结果。从寻找特殊到一般再到共同的过程，也就是从无障碍设计到通用设计的过程。

大多数老年人来园是因为距离公园近，说明了距离公园近是促进老年人来园活动的重要因素。故在城市公园的整体规划布局时，应当安排合理的服务半径，易于老年人到达。1000 米有可到达的综合性公园，500 米内有可到达的社区公园，且与城市交通相协调，使公交车能直达公园的入口。

老年人由于记忆力减退，对新环境较难建立认识地图，常常迷失方向，对于特征不明显的环境较难识别方位。因此设计时应当注重空间的方向感和场所的独特个性，使老年人易于识别。通过建立明确的视觉中心，放大字体，增强色彩对比度，运用熟悉的符号等环境设计手段达到增强识别性的要求。

（三）功能性

公园设计的前期应对使用人群进行分析，了解活动类型和规模，对场地面积做出合理的判断，使空间得到合理的应用。另外，空间设计要全面照顾到各种类型的活动，包括静态活动和动态活动。场所应有公共性空间、半公共/半私密性空间、私密性空间满足老年人集体活动、小组活动、个人活动和组合性质活动的需求。空间分区做到大小分区、动静分区和公共私密的分区。在各种分区中设计相应活动的活动设施、休息设施等。

（四）交往性

大多数老年人来园的主要目的为"会友娱乐"，来园的主要理由之一为"方便会友"。由此可知老年人对于交往的需求，且城市公园已成为老年人重要的交往场所，为老年人提供一个方便交往的环境是十分必要的。老年人合适的交往距离为 3 米以内，这要求座椅的摆放适宜老人交流，且为 3 名以上老年人设计的座椅可以是围合型的，围合直径不大于 3 米。为老年人提供交往的场所应位于公园交通出入口附近或一级游路旁，由此提高老年人交往的机会。

二、适宜老年人的公园设施设计要点

（一）信息环境

信息系统对老年人有着重要的作用。老年人记忆力减退，方向感弱，这时，一些适当的标识将对老年人户外活动起到很大的辅助作用。

标志的文字大小、颜色选择都应当考虑到老年人的需求。标志设计应该有图解，方便不同年龄层次的人获得信息。字体应大小合适，颜色鲜明，尽量避免使用黄色，老年人由于视觉的退化，对于黄色的辨识程度不高。且标志的高度应适宜，不宜过高，以方便坐轮椅老年人阅读。同时还应提供必要的人工语言支持，帮助认知有障碍的老年人。

（二）地面与道路

老年人对地面质量和平整度的要求非常高，因为这将直接影响老年人的安全性和舒适性。地面环境的质量直接影响到老人对周围景观的注意程度。当地面质量较差时，老年人时常过于注意地面空间而无暇顾及周围优美的景色，这种设计是不合理的，也是老年人不适宜的。一个高质量的地面环境应从以下几点保障。

长沙是多雨的城市，地面积水影响着老年人日常的户外活动，同时在冬天，道路结冰也给老年人的行走活动造成阻碍，排水坡度和方式的设计需要重视，并且公园管理方必须及时清理公园内的积雪。

散步道表面材质也很重要。材质的平整性、防滑性、防眩目等都是材质选择的基本要求。具有高度变化、不规整的铺地材料并且留有较宽接缝和其他突起物的地面材质对老年人的步行安全造成了影响，尤其是对拄拐杖的高龄老年人。

在设施评价中，地面为最重要的一级设施要素，所以地面富于变化的趣味性铺装将对老年人步行活动增加乐趣。

（三）斜坡与台阶

斜坡和台阶对于老年人来说，都存在许多的不可控制因素。当老年人上坡或上台阶时，老年人的身体重心前移，膝盖弯曲幅度增大，对于腿部和腰部的承受力要求提高；当老年人下坡时，老年人的重心后移，对于膝盖控制能力的要求提高，而由于许多高龄老年人骨骼和肌肉退化，在上台阶和斜坡时常需要借助外力或辅助的器具和设施才能顺利通行。

在建筑物入口处，斜坡与台阶常常是平行的，残疾人依赖斜坡作为到达高差较高地区的手段。在户外，因为地形的因素，有的地区自然形成斜坡。设计要考虑到最大坡度和最小宽度的限制。在室外，最大坡度一般为 1：20，最小宽度不小于 1.5 米。坡面材料要求平整、防滑。天然石材和混凝土都是坡道最常见的材料。

（四）健身类设施

长沙市城市公园中现有的健身设施存在许多不合理的现象，很多设施都不具备详细的使用标志牌，有的标志牌使用说明的字体太小，不适宜老人阅读，有的使用说明摆放位置不合理，不便于老人发现。因此，应对健身设施配置必要的标识牌，特别对于一些设计较为新颖和构造较为复杂的室外健身器材，更应合理配置必要的标示牌内容，详细标示健身器材的操作方法，防止因使用不当而造成的伤害。健身设施下的地面铺装应采用防滑材料，防止老年人从健身设施上下来或单腿站立时跌倒。在健身器材的选材上，要选择受天气影响较小的材料，特别是和老年人身体接触的部分尤其要注意选材。健身设施应设计适合老年人体能状态的种类。

（五）休息类设施设计

1. 座椅设施

座椅设计要充分运用人体工程学原理设计出人性化的尺度。相关研究表明座椅的座面倾斜角为 0°，靠背与竖直面夹角为 20°，座椅的最适高度为 34～39 厘米，座位最适深度为 44 厘米时人体感觉为最舒适。椅子腿不突出，突出的椅腿增加了老年人摔倒的概率。老年人骨骼和肌肉的退化造成久坐后站起时困难，座椅的扶手对老年人来说十分必要。但由于室外环境的局限性，通常木质的材料会是比较理想的材料选择。在炎热、寒冷和强风使老年人的户外活动次数减少、时间缩短，设施设计应提供有顶棚的桌椅，满足老年人在极端气候出行的需求。

座椅在空间中的摆放位置和朝向对老年人的互动、交流活动有很大的影响。老年人的交谈方式多样，不同的摆放座椅将起到不同的促进交流的作用，在了解老年人的交流习惯以及生理特征后，设计符合场所需要的座椅。另外，不同的季节和天气对座椅的摆放要求也不同，所以应当适应长沙的气候特征，提供老年人在季节、时间段和天气条件不同的情况下可随意做出选择。座椅边还应有垃圾箱、厕所、饮水器等基本的服务设施。

2. 桌子设施设计

桌子是喜欢交流的老年人最常用到的设施，它能起到促进老年人之间交流的重要作用。桌子和凳子之间是从属关系，城市公园中的桌子的高度应在66~68厘米之间为合适，摆放在夏季有遮阴、冬季可以透光的场所内。

（六）植物配置

老年人对于微气候的要求较高。冬季时，老年人大多数时间待在室内，当天气短暂放晴时老年人会到室外晒太阳。故在进行植物配置时，特别应考虑到老年人对于冬季阳光的需求。场地的东南面，乔木的选择以落叶树为主；西北面应当以常绿大型乔木为主，以抵抗凛冽的寒风和夏季午后的曝晒。对于开花和植物应该选择花色鲜艳的品种。老年人行动缓慢，对于周围的事物关注度高，且时常需要休息，故开花植物和芳香植物都应种植在步行道旁或老年人休息的花架旁以增加老年人休息时的趣味，且应当适当设置高台花坛，方便腰腿不好的老年人触摸植物。

（七）厕所

老年人一天上厕所的次数较成年人要多一倍以上。老年人在城市公园游玩时间长，厕所的数量直接影响到老年人的活动。厕所的位置必须是老年人可以轻松到达的，不宜设计在不安全的位置，并设置无障碍通道，通往厕所的道路宽度应达到1.5米以上，方便坐轮椅的老年人使用。地面要求防滑，排水效果好。

第七章 广场环境设计创新应用研究

城市广场是一个公共的开放空间，不仅是具有可以开展各种娱乐、集会、休闲等活动的基本功能的场所，还是一个能体现出这个城市的魅力，展现这个城市文化特色的文明标志。本章主要讲述了广场设计的内容及原则、地域文化在开封火车站广场环境设计中存在的问题及对策、响应地域气候特征的西安城市广场生态设计、城市下沉式广场景观互动性设计等方面的内容。

第一节 广场设计概述

一、广场设计的内容

（一）地形设计

广场的地形有两种：平面式和立体式。平面式广场是广场处于同一个平面空间，又分为平地广场和坡地广场两种类型。平地广场的地形没有变化，适于规模人群的集会和各类仪式庆典活动，市政广场和纪念性广场大多是平地广场。坡地广场一般位于缓坡上，是顺应原来自然地形的变化而设计的广场形式。立体广场跨越不同平面空间的广场，国外很多交通枢纽都是通过立体广场连接处于不同水平空间的交通站台。

地形设计首先要考虑广场的用途，如果是政治或者纪念性广场，或者广场主要用于集会，广场的人流量巨大，地形不宜起伏，一般采取平地广场形式。商业广场和街道广场一般要顺应地形的变化，为了营造层次丰富的空间效果，可以有意识地采取坡地形式。如果土地的地形高低变化大，则可以考虑采取立体式。

（二）空间布局

广场的功能不宜过于复杂，在布局上应该突出主要功能，其他功能的安排不能够干扰主要功能的发挥。广场的空间布局形式应该综合考虑各个功能的相互关系，还受到用地形状和地形的影响。布局的形式有对称、平衡、周边、线型等。

（三）绿化设计

根据广场的性质、功能、规模和周围环境进行广场绿化设计。广场绿地具有空间隔离、美化景观、遮阳降尘等多种功能。应该在综合考虑广场的功能空间关系、游人路线和视线的基础上，形成多层次、观赏性强、易成活、好管理的绿化空间。公共活动广场周围宜栽种高大乔木，并且宜设置成为开敞绿地，植物配置通透疏朗。车站、码头、机场的集散式广场应该种植具有地方特色的植物，在满足功能的同时，反映地域风格。纪念性广场的绿化应该有利于衬托主体纪念物。

（四）景物和环境小品设计

景物包括雕塑、柱、碑、水景等，是广场空间景观的节点，其设计的成败关系到广场品质的高低。环境小品既包括独立的小型艺术品，也包括经过艺术处理、具有特色的建筑物和构筑物，如具有艺术特点的报刊亭、电话亭、垃圾筒等，对广场景观起修饰和补充作用。景物和环境小品的设计要遵守以下原则：景物与环境小品应设定统一的主题，主题应该符合广场的氛围。景物和环境小品的风格应当统一并富有变化。景物与环境小品的摆放位置应系统化，考虑人的走动路线和空间的组织，切忌随意摆放。

二、广场设计的原则

（一）以人为本原则

在城市广场设计中，首先应遵循"以人为本"的原则。遵循此原则，在设计建设中，要强调人在城市中的主人翁地位，从人的角度出发，满足人的种种生理和心理需求。在视觉上，各种元素的形与色都需要设计者仔细考量，既要做到美观大方，又要兼顾层次感。在听觉上，如果能把一些听觉元素引用在广场设计之中，将会对气氛的变化起到巨大的影响。当缓慢的、淡淡的、柔柔的音乐随风响起，就有种无形的力量把所有人都联系在一起了，同时这些纯净的音乐可以放松人的心情，缓解生活的压力。当置身于这样一个环境层次丰富的广场时，人的心情会更加开朗，满足了人与大自然亲近的愿望。

（二）主题原则

城市广场根据大小、功能，有其特定的主题，在进行规划设计时，必须遵循围绕主题设计的原则。这样做的目的是防止广场的规划设计中跑题现象的发生，做到主题明确、有方向可循，只有这样才能形成特色和内聚力与外引力的融合。

（三）整体性原则

现代城市广场的设计，其规模根据城市发展的布局、需求，大则可大，小则可小，更加注重功能和区域的适应，但不管城市广场建造规模的大小，在设计上都要符合整体化原则。因为，城市广场是城市户外空间必不可少的构成因素，而不是一个孤立的空间，它与周围的道路、建筑等是一个有机整体，要体现和展示整个地区甚至于城市的形象和个性，要明确它如何与其他街道景观共同构成城市的景观廊道，以及在城市整个景观中的地位和作用。在旧广场改造的时候，必须尊重城市的原有结构，处理好该广场与现有环境的关系和时空接续问题，力求统一、有序。

（四）生态原则

21世纪是生态文明的时代，也是知识经济与可持续发展的时代，中国已经转向大规模生态建设和经济建设同步发展的历史时期。伴随着发展的加速，产生了许多问题，生态问题首当其冲，如环境破坏、资源浪费程度加重等，人们不得不重新审视自己的社会行为。一次比一次严重的自然灾害，让人们看到忽视生态效益将产生的严重后果，使人们深刻地认识到片面追求经济效益是不可取的，人与自然的关系应当是相互依存、和谐相处。所以在进行广场设计的时候，必须把握好生态原则，遵循生态规律，用新的理念来进行创作。转变过去那种只重"硬质环境"而忽视"软质环境"的设计思路，在城市广场的设计中，注意生态小气候的调节和创造，尽量提高绿地率，铺砌透水透气性能好的地砖等。

（五）地方特色原则

不同城市有不同人文历史背景，随着社会的进步和经济的发展，历史文化也注入了新的内涵，体现了现代文化的产生与传统文化的延续。城市广场的建设，更是担负了保护与展示地方历史文化、延续城市历史文脉的责任。所以在进行城市广场设计的时候，一定要充分展示所在城市的地方特色和历史背景，强化它的地理特征，尽量选用当地的建筑艺术手法，体现当地的园林特色，避免产生千城一面、似曾相识的现象，以此来增加广场的凝聚力。在表现出地域性的同时，城市广场应根据其性质的不同，表现出相应的特点。

（六）美学原则

美学原则是与人类的纯洁理想并生的，摒弃了美学原则，生活就会被庸俗和肮脏的东西所吞噬，只有达到了审美的境界，才能够真正获得自由。因此，设计师在城市广场景观设计时必须注重美学原则。

第二节　在开封火车站广场环境设计中存在的问题及对策

一、在开封火车站广场环境设计中存在的问题

（一）功能性缺失

给人们提供一个舒适、安全、便捷、优美的环境是环境设计的主要功能，其主要目的是满足人们心理和行为的需求。而火车站广场设计的功能是通过环境设计的一套理论方法对存在于火车站广场上的各种环境元素进行改良，从而更好地为人民服务。开封在旅游业的推动下，不断地发展，旅游接待量逐年地提升，对于始建于 1909 年的开封火车站来说是一个不小的压力，虽然随后开封火车站在老火车站的基础上重新做了翻修，但整体状况并未得到改观和提升。火车站广场并没有较为明确的疏散人流的动线引导标志，更没有设置供人休闲娱乐的空间，也没有栽种绿色植物，停车场占据了广场几乎所有位置，整个广场空间显得杂乱无章。路边摊无人管理，乱堆乱放。尤其开封现在正处在飞速发展的时期，城市面貌都在发生着翻天覆地的变化。但是作为一个城市的交通枢纽，火车站及其周边环境却并未见有所起色。在大环境的映衬下尤为显得破旧。无论是久未归乡的故人还是第一次来到开封观光旅游的游客，看到开封火车站广场现在的环境状况，都会让人觉得开封还很落后，给人脏、乱、差的感觉。

（二）文化性缺失

文化是一个国家、一个民族的精神、动力的源泉。不同的地区有着不同的地区特色和城市文化，而这些特色文化是一个城市的标志。开封在历史的长河中，积淀了丰厚的文化内涵和地区特色，但在开封火车站的广场环境设计中却并未体现，在火车站广场及其周边环境中看不到任何代表开封文化特色的建筑物及其景观等，火车站广场环境大众化，凌乱不堪，毫无特色可言。

（三）艺术性缺失

目前的开封火车站广场环境设计只注重部分功能性，却忽视了视觉美的规律与艺术性，没有将艺术与火车站广场环境相结合。

火车站广场环境设计的艺术性体现在很多方面。包括广场的尺寸规划，空间的设计与划分，设计的尺度与深度，人的心理需求、思想观念以及人的意识形态等。在广场的设计中要有主次之分，要使环境设计达到一种均衡和谐的状态，同时还要具有亮点；要注重艺术气息的空间营造；把握美的规律；了解人的内心需求等。如果在广场设计中忽略了这些，就容易造成美的缺失。在开封火车站广场设计中，就存在着很多这样的问题。我们在关注火车站广场艺术性这方面设计时一定要注意，盲目地跟风和追求潮流并不是艺术性所需要的东西。艺术性所要追求的是具有内涵的物质性的存在，是经得起时间的考验的。

（四）人性化缺失

"以人为本"从人使用的角度和感受出发，是火车站广场设计的人性化的设计基础。只有在设计中掌握好人和环境之间的相互关系，才能实现火车站广场的人性化设计。开封火车站在人性化设计这方面做得十分欠缺，忽略了人在视觉中追求美的感受，广场环境脏乱差，毫无美感可言。广场中并未设置景观供旅途疲惫的游客欣赏放松，广场周边也未设置庇荫遮阳的休息区供游客休闲娱乐，广场前游客席地而坐的现象屡屡常见，人性化设计这方面缺失十分严重。如果环境不能为人所服务，不能把握好人的心理需求和认知，那么就失去了火车站广场存在的意义。

二、针对开封火车站广场环境设计中问题的应对策略

（一）分析文化特征——寻找地域性设计元素

设计源自生活而又高于生活，它是人们长期在生活中观察，高度提炼的智

慧结晶，同时又对生活起到服务的作用。设计从生活中来，因此，设计的灵感来源于生活，来源于对现实世界的认真观察和分析。观察和分析是把创作者在设计的过程中需要的大量信息、资料经过筛选、整合、归纳和分析出事物的总体特征，从而形成非常详尽的、贴近生活的设计素材。这就需要作者走访大量的景区、街道，积极获取调研资料，耐心观察设计区域内的宗教信仰、特色文化、民风民俗、气候特征、地貌地形条件等地域特色。通过了解后得出的大量图片、数据等，进行整合、分析，从而分类提取，然后加工整理出拥有地域特征的符号。

（二）分析整理素材——确定设计元素

在掌握了大量的设计素材，充分地观察和了解这些设计素材以后，就是对这些设计素材运用科学合理的方法，进行更深一步的整合、提炼、再加工和在原有基础上的改造。设计素材的整合是设计研究的重要基础条件，同时设计素材的整合可以使调查资料的质量得到提高，以提升调查资料的使用价值，是保存这些设计资料的客观需求。设计材料整理的基本原则要注意其真实、准确、系统和简明的特性，另外还要保持其新颖性。很多情况下，整理出来的这些素材往往比较抽象化，在这些抽象化的素材没有办法直接运用的条件下，我们可以把这个抽象素材符号化，这样不仅保留了抽象素材的特性，也让整体设计显得更加和谐。

（三）转换文化元素——创造设计符号

在设计范围的特定区域内，收集富有当地特殊地域文化的素材，经过大量的观察、整理、调研、分析和归纳并且确定其设计元素之后，就是将这个设计元素转化成特色设计符号的过程。把这些含有当地特色的设计素材进一步转换成具有强烈指向性和引申含义的简化的符号元素，这些简化设计符号元素把当地地域文化提炼出来，蕴含到设计中。富含当地特色地域文化的设计素材的巧妙合理运用，是进一步充分运用特色地方文化的特色设计元素和抽象化符号在设计艺术中传达特色文化信息的过程。

特色的地域文化表现在火车站广场环境的运用中，是一个不断思考再加工的过程，地域文化的特色元素符号，是一个设计者不断精简提炼并且再次创新的过程，它来自于当地地域文化，并且立足于现在，把这些特色地域文化的主体精神内涵孕育在里面，这样能够有效地提升火车站广场的环境规划与艺术设计的审美，并且有着浓厚的文化内涵。

（四）应用文化元素——体现地域性文化

将具有开封特色的地域文化设计元素符号运用到开封火车站广场环境的具体方案中去，体现这个设计的丰富文化底蕴。具有地方性特色的设计元素的特殊符号所运用的范围十分广泛。从主体建筑外观上和娱乐休闲景观来说，参考了当地建筑的特色，并且将当地特色文化设计元素融合简化到建筑外观中。从材料上来说，采用了当地建筑特色元素，有很强烈的指向性和象征性。

这个设计以当地特色地域文化为基础，追求细节。这是把特色设计元素提炼精简化、具体化的一个过程。特色符号运用的形式以及表现手法的途径有很多种。

第三节　响应地域气候特征的西安城市广场生态设计

一、响应地域气候特征的西安城市广场景观要素生态设计手法

在夏季和冬季的广场气候环境设计上考虑解决气候问题时必须从两个方面同时考虑，不可偏废一方，否则对城市广场的小气候的改善都将有很多不利的影响。因此对于这种一年中两种季节存在较大差别的区域，需要首先思考影响最大的气候条件作为原则，并且采取综合考虑。

所以，首先需要思考两种气候状况下，对人舒适造成最大影响的气候。

通过研究，我们获得西安市广场有关冬、夏两个季节的气候设计原则。依赖优先顺序进行以下排列：

（1）在冬季，首先要考虑的便是尝试广场的防风方面，再然后是空气温度方面；

（2）在夏季，首先思考的便是太阳辐射方面，其次是空气温度方面；

（3）冬、夏两季，城市广场的湿度问题均影响舒适度。

景观要素设计手法是否生态并不仅仅取决于单一要素的组合，有些还受要素排布的影响，综合考虑并结合设计策略，对西安城市广场分析的设计手法针对夏冬气候特征进行整合提炼，响应地域气候特征的西安城市广场景观要素生态设计手法提炼。

同一生态设计手法可能同时满足多种基于气候因素的城市广场生态设计目标，所以从景观要素的角度，并结合实际使用情况，得出各种生态设计手法可达到的生态目标。

二、基于地域气候因素影响下的景观要素布局模式

广场空间内均包含铺装、植物、水体三类景观要素，而只有个别广场空间含有地形设计和构筑物等环境因素，通过和气候影响因素建立映射关系分析发现，这两类要素对广场的小气候环境影响方面基本相同，而由于构筑物及其他环境因素的影响主要从建筑围合的角度进行讨论，所以我们在此讨论景观要素的组合时把这一空间外部因素看作自变量，通过讨论不同广场外部围合的情况下，广场内部各景观要素的不同组合形式对广场小气候的影响，总结提炼基于地域气候因素影响下的景观布局模式。

我们把建筑围合空间分为半封闭式空间、半开敞式空间和开敞式空间三种。

（一）半封闭式围合空间景观要素布局模式分析

此类围合方式要求建筑与广场之间存在密切的关系，在阳光的照射下，建筑物可以起到遮挡阳光的作用，从而在广场中形成相应的阴影区域。在太阳辐射得到有效阻挡的情况下，广场布局上首先要考虑的是将人流量较大的活动空间放置在阴影区域内，因为此区域对大尺度的开敞空地有一定的要求；并且铺装可选用蓄热较强的材质，以保证冬季在接受太阳辐射较少的情况下储存空间热量。[①]

植物排布尽量围合广场边界，以阻挡除阴影以外其他区域的太阳辐射，同时降低局部温度；植物选取应保证外围下垫面为草地的乔灌草搭配，内部采用树池形式的乔灌草搭配，外围种植基面应低于硬质铺装，以保证引导广场硬质铺装上由于降水集聚的地面积水，需要注意的是，应在广场的夏季季风方向以乔草的方式留出通风口，以保证广场夏季的通风；在植物种类的选取上，外部围合种植选择常绿树种以保证对外部环境的阻隔，内部绿化休息区域应使用落叶类植物，可保证冬季充足的太阳辐射。

水体设置方面，由于广场主体铺装部分受太阳辐射较小，应注意空间内空气湿度过高，所以要尽量避免设置喷泉，在水体排布位置上可依据景观设计对轴线和视觉中心的要求将水体设置在广场的主轴线上。

此类围合方式对地形设计的需求不高，可设置以调节空间趣味性。

---

① 郑宏. 广场设计 [M]. 北京：中国林业出版社，2000.

（二）半开敞式围合空间景观要素布局模式分析

四周建筑形成的阴影区域，伴随着太阳运动位置不断产生的改变而变化，这个阴影区域与围合建筑的位置有关，由于西安的地域特征，这种围合空间中围合建筑位于东北部时，空间环境较为理想，因为冬季西北风被建筑阻挡，夏季东南风毫无阻碍地进入广场，这样的围合方式可以得到最舒适的风环境；但由于东南方向太阳辐射最为强烈，若不对南侧场地加以处理，夏季空间温度过高，舒适性极差，此处可参考西安钟鼓楼广场，将西南或东南侧设计为下沉广场，下沉的界面的围合可稍微降低空气温度。

植物排布时除了应围合场地，隔绝外界环境外，由于此种围合产生的阴影空间有限，应将大面积绿化休息区设置在场地中心区域，为左侧硬质活动区域形成一面绿色屏障以阻挡太阳辐射，可使用树阵或密林围合的方式种植落叶植物；此外，下沉空间为夏季达到通风条件，应在外围设置树池及常绿乔木以阻挡寒风。水体方面可将动静结合的水池喷泉设置在硬质铺装区域起到调节空气温湿度及风环境的作用，但由于此区域太阳辐射较弱，需考虑人为控制喷泉开放时间以免空气湿度过高。

（三）开敞式围合空间景观要素布局模式分析

此种围合措施的空间尺度较大，比较开阔，四周建筑产生的阴影区域，只有少部分投入到广场区域中。因此，在夏天需要采取其他的措施来遮挡阳光，通常情况下考虑整体空间环境，景观主轴线一般在中心区域，外围利用高大乔木围合制造阴影区域，即铺装区域设置在场地中间，绿化休息区设置在两边或四周；广场中心部分可以采取下沉式的方式，内部设置喷泉水池。与暴露在外部的广场硬质地面进行对比，水具备较高的比热程度，因为水面上方区域中存在的气温变化程度较小，在夏季温度较高的白天中，水可以吸收大量的太阳辐射，并且可以反射部分辐射。当喷泉开启时，喷泉周围喷起的水雾可以形成局部的微风，改善广场的风环境，因为温度变化幅度比较缓慢，可以逐渐的视为夏季广场中可以掌控的冷源，对保持广场的气温情况可以带来较大的有利之处。冬季关闭喷泉，仅维持水景的水池功能，以免冬季开放喷泉空气湿度过大。

在广场北部区域的植被主要以比较庞大的常绿乔木为主，南面的主要植被则是以庞大的落叶乔木为主。在夏季，南面比较庞大的乔木可以有效地利用树冠吸收太阳辐射，使树荫下区域在满足荫凉的前提下达到通风的目的；冬季，北面乔灌草结构可阻挡东北寒风，而南面的落叶乔木也能最大限度地使太阳辐射进入广场，以保持温度。同时，由于此类广场空间较为对称，在设计时应考虑硬质铺装和外围乔灌草的过渡，避免空间过于封闭，不利于夏季通风，此时可在硬质铺装和外围绿地间设置树池。

第四节　城市下沉式广场景观互动性设计

一、互动性景观在城市下沉式广场中的设计原则

（一）坚持可持续理念下的景观发展原则

可持续性理念，长久以来主要以生态学为主要依据，对其进行分析和研究，以最小最少的资源消费最大限度满足人们的需求，从而保持人与自然环境的和谐，以自然演变的发展方式来确保开放空间和城市之间的平衡。在可持续理念中的土地高效性原则中，景观的动态互动性是其中重要的一层含义。作为可持续发展理念下的一个分支，城市下沉式广场互动景观都应以生态可持续为设计基准进行延续。不管下沉式广场景观要如何设计发展，都需要在可持续的景观设计理念下实施，城市的下沉式广场景观应该配合现今的城市发展速度，在满足材料的使用环保节能、生态植物配置等条件下，走健康、绿色、持续发展的道路。

（二）坚持以人为本的人性化原则

在景观的设计创新中最讲究的就是首先要做到"以人为本"的基本设计原则。在城市下沉式广场景观中的"以人为本"则是更多需要考虑以"广场使用者"为本，从美观、实用、便捷、舒适、趣味等多角度满足使用者的各类需求。同时，对使用者在下沉广场的日常生活习惯加以分析，提出能够既满足城市景观发展，也满足使用者优质生活的基本理念。最主要的就是去完善下沉广场中的绿化种植、道路布局、公共设施、服务设施等多方面要素，从人的切身需求利益着眼设计，体现本设计的主题思想。

（三）坚持以参与体验为主的多感官互动原则

多感官互动的原则是为人的体验所服务。所以在营造富有特色的互动空间场所和设施时一定要遵循人的五感原则，在设计初期都需要充分考虑去调动人在下沉式广场的视觉、听觉、味觉、嗅觉、时间感知、地理位置从而激发人内

心的美妙感觉，其最终目的就是吸引公众能够积极地参与到景观空间中去，实现人与下沉广场景观的良好互动。我们能够简单看出，城市下沉广场的景观形象是感性的体验设计，这将使整体变成一个充满丰富感性的世界。由于体验本身就是最实际的行为反馈，融入多感官体验的景观印象，带来的不再仅仅是功能上的满足，更多的是心理上的愉悦。体验性城市下沉广场景观设计在一定层次上解决了旧工业时期社会造成的格局刻板和景观凌乱的问题，满足了人们对未知新空间探索的好奇心。

二、城市下沉广场互动性景观设计的改善方法

城市下沉式广场的互动性景观设计改善方法以上海市五角场下沉广场中心景观改造设计为例展开论述。主要目的是对五角场下沉广场进行互动景观再设计。五角场作为上海副级别市中心，是商业中心最重要的地标，广场分为五个通道口分别接邻百联又一城、万达广场、合生汇、东方商厦、苏宁生活广场，五角场下沉广场时唯一地下接通五大商区的必经道路。但是，在如此关键的下沉广场中，它的下沉景观中还存在着较多的问题。根据设场地调研，我们发现五角场下沉广场主要存在的问题有：①由于时间原因，广场平面布局已有年代性，较单一；②同时，水景的营造分割了整个广场的道路通透性，不能让人们实现更好地互动；③其次，广场的功能分区不规范，如今的五角场下沉广场只是作为通道、道路在使用；④广场景观绿植单一，多以灌木盆栽稀疏拜访，因此造成的城市喧闹声没有减弱，也没有给人们带来景观丰富的层次变化，广场以混凝土铺装围合而成，铺装较为单一；⑤整个广场服务设施及公共设施较陈旧简陋，没有系统化的设计体系，广场氛围冷漠无互动；⑥标识设计杂乱不统一。针对这些问题，归纳几个重要的下沉广场景观节点设计方案，来延续城市下沉式广场的互动景观设计。

（一）出入口信息互动型

五角场出入口有两种主要的方式：第一种为地下广场与商场的出入口；第二种为地下与地铁或地面上出入口。现有的出入口都是非常直接简约地表现出功能模式，没有过多的下沉转换过渡形式。在出入口的改善中需要重点体现两点设计改善：①结合百货大楼的类别形态与公共装置的结合，将室内外物品信息开放化，形成交流的互动流动形态。将品牌元素细节用实体展览的形式呈现出来，包围或围合于出入口环境的建筑边缘周边，如把手、扶梯、内部构筑墙体等。用艺术的手法表现出来，使得出入口的人们能够形成视觉互动感受，从而吸引或引导人们在空间中的出入流动导向，同时也能第一时间提前感受空间

的不同铺垫形式变化感。②互动标识指示。标识指示的互动多运用灯光的不同变化以及品牌 LOGO 形象设计呈现。出入口必须增加这些新的元素并时常更替，才能给空间带来不一样的艺术感受。

（二）节点休憩空间个体互动型

在 8000 平方米的下沉广场中，休憩空间是能够让下沉广场通道喘息的节点空间。在休憩广场中多运用草皮及灌木植物来增加景观视线的丰富感。在此区域的设计中，多摆放供人与人之间聊天交谈的座椅、景观长椅。在此节点空间中的互动主要体现于人与人个体之间的交谈互动，提供商圈或办公人士一个可以休憩，洽谈事物的空间。考虑到下沉式广场结构的特殊性，广场中的植物与地面景观有所改善，绿植的选择中多偏向使用小型乔木及多元化灌木，营造丰富层叠的色彩变化绿植环境。植物的选择多考虑小型香樟、紫薇、红枫、紫荆、丁香、木槿等。这些既不会给地下结构带来过多的负担困扰，同时又能有效吸收一部分城市高架下的噪音，在人们行走过程中感受从静到动，再从动到静的巧妙变化感受。这部分空间的互动形式存在于人与人之间的个体互动。

（三）下沉式广场中心区自然互动型

中心区是最重要的设计对象。它是整个下沉广场的活动中心，需要设置有趣容易营造意境的中心驻留区。此驻留区域由数百根竹管构筑于水景之中，形成"竹幕"的景象，仿佛像彩蛋洒落下来的流行，各竹管之间固定荧幕，人们能够透过荧幕看到广场不同区域或高架上的人动影像感受不同区域不同时间城市的形态。其次，人们观赏荧幕的同时触碰到地面彩色圆椅装置后音频会发出水滴山林间的自然声响，还原城市中自然的景象，营造出绿色自然的意境。"竹质荧幕"装置是架起中心广场中最主要的人与景、人与物之间的互动沟通桥梁。不管是从整片广场的制高点的设计还是区域划分设计来说，中心区都在起着集约人群，制造人群活动行为的主要目的。

（四）人行廊道数字投影互动型

人行廊道的景观互动方式体现。第一，两柱之间添加新设置的边桌供人倚靠。人们在商场中不免会引起一定的消费，吃、穿、行。边桌给人提供便捷摆放物品的功能，也能让办公人面对面进行交谈。第二，廊道顶部天花安装广告迷你投影机，投射于廊道墙体一侧，不断变换的广告影像给人们全新的科技百货定位认知，动态影像让品牌全方位呈现，使得人行通道、廊道富有动感，独具一格。从而也节省人力、劳力在广告玻璃铺位换广告的成本。

（五）功能格局不规则互动分布型

在平面格局分布设计中，设置 5 条线路的一级步道，5 条二级步道走向形成"五线广场"从而以贯穿整个广场各个出入口，不规则的通道分布不仅增加了广场的趣味性，更是将各个不同的功能区域进行有效分割。整个广场中心区域主要分布水景荧幕互动区与触动商业电子区，目的在于更好地服务于人们、活动于人们，提供一定的便捷。在此片区域中，中心地带还设置了金字塔大理石节点标识，人们最需要的就是各个出入口通向的地标指示，这个节点能够给人更大的方向感体验。在每个出入口前端都设置不同的互动功能区，如百联又一城出入口前方设计了轻木制躺板使人们可以坐躺着观赏彩蛋建筑。人们能够从下沉式广场中不同道路景观布置的背景中获取最大的互动景观层次感体验，进而更加深刻地感受彩蛋在整个广场上空悬浮的魅力。

第八章 生态水景观设计创新应用研究

水是生命链中最为重要的基本元素，由此产生了人类可见的各种生机盎然的现象。水的存在不仅仅体现于它的表象意义，更为重要的是因此而形成的种种生命系统和不断衍生的、丰富的物质资源条件，以及人类借此而赖以生存的基础条件，并创造出人类璀璨的文明。在人居环境建设中，水不仅是不可稀缺的物质资源，更是美化环境形象、调节生态平衡的不可替代的要素。

第一节 生态水景观设计概述

一、生态水景观设计的概念

生态水景观设计是一门通过借鉴景观生态学的部分研究方法，结合艺术类学科知识结构特性和环境艺术设计特征，形成以水体形式和因此而衍生的环境生态现象为景观载体，以合理利用水资源条件体现景观环境的自然生态特征、文化特征、视觉特征，并发挥水对环境的多种影响、作用的系统课程。

生态水景观设计以水为景观环境设计的载体或主题，对环境进行系统的物理功能、生态意义与精神价值的营建性活动，使环境更适合人的生存与社会活动需要。生态水景观设计不仅仅限定于以水造景和借水为景的视觉景观作用，更为重要的是，由于水系统的引入，水对于整体环境系统的丰富与改变将起到关键的作用，植物、动物、空气湿度、土壤和微气候都将因此产生变化，对场地环境的未来提供了更多变化的可能，使环境具备多种生命体生长的条件，并在生长的过程中呈现出旺盛的生机和丰富的视觉现象。

二、生态水景观设计的特征与形成因素

生态水景观设计是生态景观设计重要的支撑系统，在传统的用水、理水、观水、玩水的观念与经验上有了极大的拓展与超越。生态水景观设计将水的特

性，人对水的种种依赖，传统的用水、理水方式和因水而形成的自然生态现象，以及多种文化与地域习俗相融合，结合环境地形、植被、土壤、动物等特定条件，应用到环境水景观设计之中，使其成为具有生态景观作用和多元文化表象的景观类型。生态水景观设计与传统意义上的水景设计不同之处在于生态水景观设计的设计观念突出体现因水而连接的物质生态作用和文化生态作用（强调多元文化的融合与延伸），并在此基础上强调设计的前瞻性（结果的自然生长性）和视觉尺度的有效控制。这并非说传统的水景设计没有关注这些方面的作用，其区别在于传统的水景设计是对环境资源的个体自觉地使用与体现，生态水景观设计是对环境资源的总体理解与系统运用。它基于三个方面的背景因素：

1. 时代文明的差别

自工业革命到今天的数字化时代，人类的科技与文化的发展进入了一个全球化的突变时期，距离不再成为科技与文化资讯交流的障碍，所有的文明成果都将成为人类共享的资源，这使得当代水景设计的观念、视野、方法有了无限广阔的空间。地理学、植物学、动物学、气象学、景观生态学和环境经济学等学科研究的不断成熟与交叉发展，给予环境中有限的水资源更多被利用的可能，这不仅是全社会对环境的诉求，也必然导致水景观设计思考的角度、观念和方式发生转变。

2. 设计职业的独立

传统的营建活动都是在业主、投资者、建筑师或工匠师傅的指导下进行的，设计仅仅是依附于某种行业的一种技能。当人类步入工业文明后，快速发展的科技为人类的种种需求提供了更多的可能，促使社会的分工愈加细化。设计作为智慧型劳动，其独立价值被社会和行业普遍认同，不再是行业技术的附庸，而是创造社会价值和市场价值的独立职业门类。设计职业的独立意味着其从业活动走向了独立化、专业化，而不会更多地受限于行业与业主的要求，以非专业化的理解去指导专业化的活动。环境景观设计在此背景下应运而生。水景观设计是环境景观设计中重要的组成部分，也是相对独立的系统景观类型，它涉及水的供给与灌溉、防洪、泄洪、防旱储存、污染、安全以及动植物生长与总体视觉效果等多方面的技术和应用问题，因而，多学科交叉使得生态水景观设计具有独特的技术与艺术执业特征。现在已有专门从事生态水景观系统设计的机构和设计师，来协助解决总体景观环境改造的系统衔接问题。

3. 自然资源的枯竭与人文资源利用

当代人类的生活条件是人类物质文明史上前所未有的，人均占有的物质资源是工业文明前的数倍，而人口量又是以前的数倍，资源的无度消耗使物质资源几近枯竭，其中包括水资源。在此背景下，人类对未来生存环境的危机意识，迫使人们更加关注环境资源的利用。由于水既是人们必需的生活、生产资源，又是具有特殊观景作用的景观载体，同时还是动植物生长所需的基本物质，其对环境产生的多种重要作用，使得当代的水景观设计对水的利用更加慎重和吝惜，以求用有限的水资源为今天和未来发挥更多的效能。因为我们深知今天人类拥有的水资源条件已远不及从前，而人类文化资源是取之不尽、用之不竭的。生态水景观作为不同时代人类物质文明与文化体现的一种表象，如何将有限的水资源与无限的文化财富相结合，以产生新的人文资源，满足当代可持续发展的诉求，这是生态水景观设计应思考和解决的生态与环境问题。

第二节　生态水景观的类型与设计尺度关系

一、生态水景观设计分类

（一）人工生态水景设计

人工生态水景设计是在无水的场地环境中，通过人为的方式将水引入，使之形成具有丰富环境生态作用的，并产生不同视觉形态与人文意义的景观物象。它包括人工建造的喷泉、叠水、水池、水渠、荷塘、溪流、瀑布、运河、植物绿化配景、动物养殖配景等，以及相关的取水、用水设施，如山石、舟船、廊桥、亭台、水车、水磨、水井等，这是人们最常见和常用的陆地水景方式。在陆地环境中对水的物质功能设施加以视觉化的处理，形成景观，以获得多种需要，并将自然中各种水现象用不同的技术方式加以模仿或移植，以体现人居环境的文化象征，由此获取更多的生活乐趣。

（二）滨水景观环境设计

滨水景观环境设计是指借助环境中已有的江、河、湖、海、溪流等自然水域和陆地环境中已经形成的人工水资源条件（人工湖、运河），以水环境为主题进行的一系列生态性、功能性、安全性和观景性的治理、改造、营建、防护、利用、种植等设计活动。它包括以水体、河道、防洪设施、护坡堤坝、水岸、桥梁、滨水道路与建筑、动植物、人进入水体活动的设施、山石等多种载体和周边环境为设计对象，采用与环境条件、气候条件相适宜的设计手法，使其具有优化环境的生态作用，满足滨水环境中人的多种行为功能，加强环境的安全性，体现丰富的人文意义和增加环境的观赏效果，并依据人在滨水环境中的行为特征，对观景的不同视线、视角、视距、高差等视觉要求，以及多种景观物象进行符合生态规律和视觉规律的处理，更好地彰显滨水环境所特有的生态条件和自然风光与人工景观的景象效果，提升人居环境的生活品质。

滨水景观环境设计是以水为主题并结合岸畔等陆地环境作整体思考设计。其主题对象存在多种变化的自然因素，如潮起潮落、汛期、枯水期、封冻、解冻等，这些因素会对岸畔环境的生态条件的改变产生直接影响。设计不能根据某一时季的景观优势去考虑景观的效果和体现生态的作用。水系的特性是可变的，而大部分的变化有规律可循，对环境条件、当地气候和其他自然情况的了解是滨水景观设计最基础的工作程序。滨水景观环境设计从场地范围上来讲比人工水景设计规模更大、更为宏观，涉及的各种关系也更复杂。尤其是人在水系环境中的种种活动行为和无规律的突发性灾难（洪涝、干旱、水质污染、滑坡、传染疾病等），更需要设计师了解、掌握水系环境的变化规律，并对可能产生的不同灾害程度作充分防护，使设计具有多种应变性，建立起良好、安全的水与陆地的生态关系、景观关系以及人在环境中的行为关系。

二、生态水景观设计尺度关系

（一）建立良好的亲水、近水关系

便于近距离地观赏、游玩，易满足人的亲水需要，形式丰富、表现力强。

（二）利用生态条件，建立新的形态与尺度关系

可以利用水系的引入形成场地生态关系，通过对植物的选种，有利于改变环境的形态和尺度比例关系，并使其在生长过程中产生丰富的景观变化。

在景观形态与尺度比例关系上，水景多根据场地关系和其他景观形态来设计水景的形状、大小、动静形式、供水排水方式、人的亲水方式以及配景方式等。对景比例关系通常采取形态对比、均衡、差异、动静结合、舒缓有致的艺术手法，将场地的平面、立面和立体的景观构图关系与水景的不同表现形式相结合，形成多维度的景观效果。

（三）注重在不同视距、视角状态下的比例关系

自然水域风景的形态与尺度比例关系不仅仅是静态的，而是动态的，可居、可游、可玩都以可观、可望为先决条件，并伴随各种行为活动而产生视觉美感。同一景点在不同视距、视角、视点的观景条件下所呈现的景象各异，这

就是诗中所说的："横看成岭侧成峰，远近高低各不同。不识庐山真面目，只缘身在此山中。"设计自然水景环境时应根据人在景观环境中的行为状态和不同的视距、视角、视点的观景条件，处理水域风景的形态与尺度比例关系，把握远望、近观的主体、客体关系，同时根据其环境的风景优势，设置游玩路线、建筑、观景平台等，尽量使场地环境在最小的变动下呈现最佳的观景效果。

（四）以自然的方式表现景观的形态与尺度比例

从人的观景与游玩活动需求来衡量任何一处自然水域环境，其都存在不同程度的优劣因素。通常人们采用的方式就是改造，在改变劣势景观的同时却造成环境和水质不同程度的破坏，这种事倍功半的方式不符合环境可持续发展的要求。面对场地中不良的景观形态和尺度比例应该采取何种方式去解决？民间许多朴素的做法值得借鉴，采用本地自然石材堆砌、植物栽种、沙土填堆等手法改变水流宽窄与流向，使岸线、滩涂、道路的景观效果呈现出自然的形态与和谐的尺度比例，以最小的环境代价获取最恰当的景观形式。植物的选种可以改变环境的色彩、形态和尺度关系，用不同的植物种类，种植在不同的水域环境中发挥其自然生长特性，组成高低错落、疏密有序、层次丰富、遮挡适度、相互掩映和赋有变化的景观尺度关系，以自然生态的方式获得理想的风景效果。

第三节　生态水景观设计要素与原则

一、流水景观设计要素与原则

（一）流水景观设计要素

无论是人工水景还是自然水景，流水景观都是因地形的高差而形成，水面形态因水道、岸线的制约而呈现，水流缓急受流量与河床的影响，这些因素成为流水景观形成的必要条件，也带给人们多种知觉、视觉、听觉、触觉等感受，由此延伸出丰富的景观功能。

1. 自然流水景观

自然流水景观简称河流景观。自然流水景观设计，一是对客观存在的水系环境，根据其场地的地理条件、水资源、气候、汛期等自然规律与河道地质、植被等自然条件，结合水系形式特征与流域人文背景，形成总体设计思路；二是找出其中造成流域环境生态干扰的不良因素进行针对性的优化设计，对水体、水岸线、护坡、河道、桥梁、建筑、观景平台、道路、植被等主要环境景观因素进行合理整治与建设，调整水域环境的景观生态格局，保持并突出水系的生态景观优势，构成区域景观环境，使自然景色与流水形态显现最佳的风景表现力。

自然流水景观的作用受河流长度和流域面积的限制。河流景观从规模上可习惯性分为江、河、溪，即大、中、小三类。

2. 人工流水景观

人工流水景观则是在无自然水体的场地环境中进行水景设置，对于原场地生态景观格局具有嵌入性影响，可根本性地改变原景观状态。人工流水景观设计需根据场地的生态条件、原景观系统的健康状况、地形、地貌、空间大小和周边景观情况，考虑水系引入的生态作用、动植物生长与控制要求，水体规模、流量，流水线形、沟渠形态、环境微气候以及其他自然景观与人工景观的相互对应关系，并利用各生态系统的相互作用，形成较为独立的小流域生态循环。人工流水景观多以小规模流量进行设计，在形式上注重流线与池面的结合，做到张弛有度，更好地体现水在环境中的景观作用，并结合桥、建筑、景台、道路、植物和地形变化，表现精致的人工流水景观。

（二）流水景观设计原则

1. 自然河流景观

自然河流景观是景观功能最强的系统，也是人类活动最密切、行为方式最复杂的景观对象。

（1）安全方面。安全主要指防止景观环境中的种种因素对人的正常活动行为可能造成的伤害。河流景观的水深、流速、河道、滩涂、岸线等都是自然形成的，也是人的涉入行为最频繁，容易产生安全隐患的场所。因此，景观设计需要针对环境的现状特征和人的行为方式进行分析处理，从交通方式（水上船运、桥梁、水岸观景道路等）、游玩方式（近水、亲水活动）、观赏方式（静态与动态观赏）上，结合水流、河道、滩涂、岸线、气候、生态等特定因素，因地制宜地设置不同的人为活动条件，并对设计用材和营建尺度做出具体要求。如滨水车道、步道的形成，护栏、路面的处理，船运对河道的要求，游玩涉水活动对河滩、河道的改造等，在不改变自然河流景观特征的前提下，安全地发挥景观功能作用。

（2）环保方面。环保主要指景观设计对河流及流域环境中的生态系统的健康运行所采取的保障措施。河流景观的环保设计通常采取的措施有：

减少人为造成的水源污染，控制排放量；

针对流域环境中可能引发生态系统障碍的因素进行改造，避免形成区域环境的生态病变；

在河道、滩涂、岸线的改造与建筑、堤坝、桥梁等景观构筑物建设中，应选择天然或无污染的材料修筑，并严格控制施工方式与程序，避免造成水质与环境的污染；

控制过多地修建人为活动场所、动植物养殖设施，减轻环境压力；

不以满足悦目为终极目标，避免在无科学研究、考证的前提下，盲目引入外来观赏性水生或岸畔动植物，使外来物种和由此而带来的物种疾病，在无天敌和环境控制能力的状态中，无节制地生长，并随水流快速、大面积蔓延，构成对区域环境原生态系统的破坏和环境灾难。

控制无节制地利用水资源，尽最大可能减少截断河流的水利工程，避免河流与流域的原生动植物的生长、繁衍规律招致断裂性破坏，致使某些物种灭绝。

2. 人工流水景观

（1）安全方面。人工流水景观主要设置在人流量较为密集的场地环境中，如城市广场、公园、步行街、住宅小区等。因其存在于无水的环境而备受人们的青睐，水景与人的活动关系更为密切。设计从安全的角度对水深、流速、水质的控制，水岸、河底、高差、岸边道路的构筑方式与人为活动特征等进行处理。在无特殊涉水活动（滑水、游泳、冲浪等）的要求下，作为普通观赏、游玩景观的水流深度一般控制在 200～350 毫米之间。水体两岸、水底多采用硬质材料修建，使水流通过性好，材料表面进行防滑处理，保障游人、儿童涉水行为的安全。在水流蓄积处修建清理排水设施，保障水流洁净，避免循环系统淤塞。水岸步道、景桥等多以石材、防滑地砖、防腐木等材料营建，石材表面应进行防滑处理，尤其是硬度和密度较差的沙石类，在滨水环境中容易生长青苔，拉槽或毛面处理是必要的，以求在满足景观需要的同时又起到安全、环保的积极作用。

（2）节能方面。由于人工流水景观往往存在于无自然水源的环境，并以动态流线的形式呈现，水流循环、水量补充、水质保洁等需要消耗大量的能源作景观保障。因此，控制水体规模、硬化人工河岸以防止水量渗漏，利用地形高差合理控制流速的缓急等，是人工流水景观节能设计中常采用的具体方式。

（3）环保方面。控耕规模与流量，使场地环境特征和原生态系统特征不被大面积破坏。

控制流域范围和引入动植物的种类，使引入的流水景观与生态景观的发展控制在有序的范围内，并与原场地生态系统和场地关系相融；动植物种类和数量的引入必须严格控制，避免蚊蝇与不良物种无序生长。

控制水量，建立与水景规模相适宜的蓄水、供水、排水、清淤系统，避免溢满、断流和水流变质，造成环境污染。

建立控制管理设施和条件，保障因水系而形成的生态景观系统可持续地发生作用。

二、跌水景观设计要素与原则

（一）跌水景观设计要素

1. 蓄容

无论是自然的还是人工的瀑布都需要蓄容环境，这是形成瀑布的必要条件。瀑布蓄容分上下两个部位，自然瀑布实际上是地形变化造成河床断开，形成立面流水；人工瀑布则是由底池蓄水和堰顶蓄水循环形成，不仅要设置相应的循环设备，同时还要设置补水设备，因为瀑布在流落的过程中挥发量与流失量较大。由于人造瀑布景观的蓄容与流量都具有可控性，在城市环境中，因场地局限、环境复杂等因素，设计通常根据场地的具体情况与构筑物相结合，以构筑不同容量的蓄容条件，并利用不同高差，设置瀑布景观的形式。

2. 出水口

在人造瀑布景观设计中，出水口的设计是体现瀑布效果形成的关键，它决定瀑布的规模与表面形态，出水口有隐蔽式、外露式、单点式和多点式等。

（1）隐蔽式是将出水口隐藏在景观环境之中，让水流呈现自然瀑布的形状。

（2）外露式则是将出水口突显于景观之外，形成明显的人工瀑布造型。

（3）单点式指水流从单一出口跌落，形成单体瀑布。

（4）多点式指出水口以多点或阵列的方式布局，形成规模较大的瀑布景观。

（二）跌水景观设计原则

1. 蓄容与跌流的形式关系

在设计跌水的立面与平面效果时，应根据景观环境的总体关系思考相互间的比例尺度，分清主次。如以平面水体为主，立面水景的尺度设置应相对较小；若以立面为主，平面水景尺度应相对较小。蓄水分底池蓄水和堰顶蓄水：堰顶往往在跌水景观的顶部，水平面往往高于视线；底池通常设置在水景的底部，水平面低于视线，可视面大。因而跌水景观立面与平面的比例关系，主要体现在视线以下的蓄容水面与立面流水的尺度关系上。池面过小，跌流过大，容易产生空间局促、水花飞溅、地面湿滑的不良影响；反之，则造成水面占地过大、跌水效果隐弱、水景形式呆板等现象。

2. 跌水景观与环境

跌水景观分为较大体量的主题水景和较小体量的景观小品。较大的跌水景观，将根据场地环境的需要形成变化丰富的、形式突出的景观主体，设置在人流和视线相对集中的区域，供游人玩赏。由于人的亲水习惯，设计时应考虑设置人在跌水景观环境中的行为方式和多种安全因素。

3. 安全与环保

（1）安全因素。跌水景观分自然跌水与人工跌水。人工跌水应控制池底水面与池岸的关系、池岸与地面的关系，并限制池水的深度，既突出跌水环境的特征又保障游人的安全。由于瀑布高差原因，堰顶蓄水池通常不设置人为活动区域，避免游人意外跌落。自然瀑布景观往往地形较为复杂、高差较大，应在上游河道与岸畔设置隔离带和禁令标志，禁止游人进入瀑布跌流区活动，以免发生危险和造成景观破坏。

（2）环保因素。①控制人工跌水景观规模，以较高频率更新水质，将更换的水用于绿地灌溉，有效控制运行成本。②在上下蓄水池周边修建隔离设施和排水系统，避免脏物或污水污染水体。③对自然瀑布景观的上游河道的用水、排水进行严格控制，保障景观区域的生态健康。

第四节 打造创新型的城市生态水景观

一、雨水利用的景观措施

雨水利用的配置方式有三类：直接利用、间接利用和直接-间接利用。直接利用表现在雨水收集、贮留和处理呈现的景观效果；间接利用表现为雨水渗透等造就的城市保水景观。

（一）屋面集水

屋面雨水收集就是指在屋顶建立生态系统，把雨水汇集起来加以利用。根据系统建立的用途可以分为屋面雨水汇集和屋顶绿化。屋面雨水的汇集系统是把屋顶当作集雨面，经过汇集、输送、净化、储存等方法综合利用雨水，根据降雨量等特点，可在单个建筑物建造集水系统，或者一组建筑群集中建造一个集水系统。屋顶绿化能够增加城市绿化空间、降低城市的热岛效应、改善建筑的气候、改变建筑环境景观，又具有储水的功能，可以减轻排水系统的压力，避免内涝。

（二）生态调节池

就是通常所说的"雨水花园"，就是保留池塘底部的土壤，不在土壤上面种植对污染物吸附性高的水生植物。通过植物和土壤的天然净水功能，沉降或稀释移除水体内的污染，然后再利用或是排入下游，生态调节池同时具有径流调节和水质改善的功能。

（三）渗透性铺装

地面硬化不透水，给城市环境带来了连锁般的负面效应。要达到城市生态系统的水量平衡，必须解决地下水的补给问题。设计师可以通过渗透性地面铺装来达到这一目的。渗透性铺装可以让雨水渗入地下，同时解决了城市排水压力问题。

二、利用雨水的循环途径打造流动水景观

城市生态水景观设计依据本地气候要素和地形条件，利用雨水的循环途径来打造新颖的城市流动水景观。首先要从场地规划开始，充分了解雨水循环的路径，设计时不要违背雨水渗流的自然条件，在城市地面的铺装上可以采用一些渗透技术或是渗透设施，确保雨水渗透畅通无阻。比如把城市中沥青路面、铺设嵌草的砖换成可以渗透雨水的地面，修建渗水井、渗透管沟等。其次是雨水循环中的城市排水系统的设计，要从发挥亲水性、靠近水源等角度进行城市排水系统的景观设计，根据地势从高向低的走势开挖水面，选择低洼潮湿的地点，水流等高线斜穿角度要小。

在利用雨水打造城市水景观时，自然的雨水要融入城市水体的循环系统中，把城市人工建造的水景观与雨水景观融为一体，统一设计，使利用雨水的城市水景观环境生态达到一个平衡，避免城市水景观的生态环境遭到破坏。利用雨水循环系统营造城市流动水景观，要尽量使雨水汇入城市水体源头，使其从上游向下游缓缓流动，对于雨水流经处散落在水体周围的低洼部位，不要刻意规划改造，尽量保持原状，这样塑造的城市水景观人工痕迹少更加自然生

动。在雨水景观营造过程中，还可以有机地将光影效果、水的音响与流动水的形式结合起来设计，更能给人们以视觉、听觉的享受。城市水景观利用雨水循环的流动效应，为城市中静态的建设物增添许多活力与情趣。

三、结合城市雨水特点营造亲水小区

中国人自古就有择水而居的喜好，不管从心理学还是从生态学的角度看，在住宅小区内设置与绿色植物、雕塑作品有机结合的水景设计作品，都可以使居住环境更贴近自然。

现代城市中人们所谓的"亲水住宅"的水景在设计上多少都存在些弊端，如小区内的人工河湖，在设计时只考虑当时的设计效果，没有考虑到以后的管理成本，造成无人管理，水源补充不及时、维修成本高等问题，时间长了水景干涸、水景无水、水体浑浊、散发异味、失去了水体的灵性，破坏了小区的生态环境。亲水住宅要发展的首要问题就是解决水体的补给和循环问题。因此，在进行亲水小区设计时要遵循经济适用原则，利用天然的雨水或者是再生水系是最经济生态环保的方式，在小区内构建雨水利用循环系统。

城市亲水住宅小区的雨水汇集利用综合系统是根据生态学、工程学、经济学原理，通过自我净化与人工净化相结合，雨水汇集、渗透以及园艺水景观相综合的设计。因地制宜，根据当地自然条件，结合城市降水的特点，遵循经济实用的原则对小区水景观进行开发设计。充分利用小区的雨水汇集系统，将雨水汇集到一处，在小区内开发蜿蜒曲折的水流河道，因水形水势建造水景观。同时水边的花树植被、山、石、亭台等都要因地而异、因水而异。其次，设计具有当地文化内涵的景观小品，在形式上构成文化传承的要素，最终使亲水小区具有丰富的水体文化内涵。在营造景观时亲水小区的设计者要充分考虑雨水的沉淀、过滤、消毒等问题，例如把收集的雨水用于小区绿化或是在小区设立免费洗车场，这样不仅节约费用，也能让小区的居民享受到亲水带来的益处。

四、利用城市空间建设迷你湿地景观

由于城市寸土寸金，要找大面积土地建设湿地通常是很难的，不过可以发展一些小型的人工湿地，也可以说是生态池。就是通过生态设计与自然净化方式结合，营造的功能完整的迷你生态湿地系统，它是兼具生态教育意义和景观功能的水景观，既美化环境又可以供生物栖息的小型生态空间，这种城市小空间和湿地的结合，可以提升城市空间的生态价值和优化城市环境。

第五节　基于生态理念的成都府南河滨水景观修复

一、景观生态修复目标

在生态系统营造方面，通过国内外大量的关于城市内河环境治理和水生态系统修复的典型案例总结经验，依托成都市的当地情况，采用生态化工程技术手段对府南河滨水景观进行修复与更新，使其恢复河流的原本的生态功能和自我修复能力，成为城区新的生态河流。

在滨水景观带建设方面，根据不同河段的不同情况进行不同的人工化处理，分区分段分节点进行合理设计，追求极致的景观节点体验；在河道处理的纵立面上，除了满足基本的防洪需求上，还要进行多层次的亲水体验设计，仿自然式的营造浅滩、深潭，力求用生态化技术达到最完美的景观效果展现。在滨水景观带的植物配置方面，遵循植物配置的多种原则，基本采用当地的乡土物种，营造层次多、色彩丰富、季相变化的植物组团效果。在两岸的景观小品、交通、建筑等方面，提倡交通的多达性且不干扰游憩体验、建筑风格顺应该区域设计风格、景观小品体现城市品质等原则，合理设置。

在河道景观养护管理方面，希望大力宣扬环保意识，倡导保护环境人人有责的自我责任感。政府管理部门还应加强监督管理，严禁破坏河道的现象发生，并采取相应保护手段来维护城市内河的健康发展。

二、景观生态修复战略

（一）构建府南河完整化的水系廊道网络体系

府南河作为成都市中心城区最重要的河流廊道之一，目前并未串联起周边水系，形成连续性的河流廊道体系。因此宏观层面上，构建完整的府南河水系廊道网络，将有助于促进城市生态建设进程的一体化发展，有助于河流生态廊道的连续性，也更有助于城市中心城区与城外区域的沟通联系。水系廊道本指水系在城市中的空间分布格局，现已延伸为多条水系相互交织、相互连通、相互影响的综合水系廊道网络体系。成都目前正在全力打造环城生态区，利用府南河的水系连通成都市环城生态区的建设，将对成都市的城市生态文明建设提供巨大的帮助。

（1）加强府南河区域中心城区段与"环城生态带"的联系，沟通"六湖八湿地"与护城河府南河的内在联系，全力打造市区完整的水系廊道网络。深入成都市目前有的绿地系统规划中的市域水系绿地系统规划，利用城市内府南河流域内的自然水系、内河水网、排灌水渠以及现有的河湖湿地水系建立全市水系廊道网络，保证河流内部生态系统结构的通畅性、水系廊道的连通性，优化景观生态结构内外部的物质、能量交换。

（2）合理布局城市滨水景观带的景观空间结构模式，因地制宜各标准段，以修复自然河道和改善区域生态环境为目的。

从滨水景观带的修复和更新方面来说，根据府南河自身具有的滨水自然生态资源和生态系统情况，尊重大自然的规律，通过优化河道和河岸整治工程的实施，更新府南河滨水景观的旧貌，最终实现人与河流的可持续发展。

（3）结合"海绵城市"理念，加强中心城区段府南河的生态雨洪建设。府南河作为城市的其中一块"海绵体"，应着力提升其的海绵作用。增加河流的"弹性"应对自然灾害和环境变化，使河道成为一块天然蓄水池和温度调节器，沟通附近水系，整体加强城市的雨涝防御能力。以中心城区段的府南河的滨水景观改造作为"海绵城市"理论在成都市的试点工程，推动其他河流的相关建设。

（二）建立府南河多样化的滨水景观安全格局

河道截弯取直、硬化河床和硬质驳岸都是传统的治理河道的方法，因其严重破坏了河流的自然生态形态，导致物种多样性的丧失、生境破坏，河流自净能力缺失，成为一条死河。我们需要从生态理念的角度考虑，运用相关水生态、景观生态学、恢复生态学等理论方法，修复天然河道形态、恢复生物栖息地和多样性，净化水质，建立人水和谐的滨水景观带，重建复合多样性的景观安全格局。

主要内容包括：生物多样性和食物链保护，动物的迁徙廊道和栖息地的控制，森林，灌丛，草地，湿地等整体植被建设等。加强滨水岸线植被宽度、调查上游到下游的多利，变化分析，并通过它们之间的相互结合和景观渗透，以完善由廊道、缓冲区、源共同组成的整体景观结构，并最终建立起生物保护安全格局。

（三）营造府南河生态化的城市滨水景观岸线

针对成都市府南河二环以内中心城区段现在不生态的现状，营造生态化的滨水景观岸线成为滨水景观生态修复的重中之重，这个区域不仅是城市中最接近自然的部分，也是动植物种群在城市中存活的地方和生物迁徙的通道。将滨水景观岸线进行仿自然化的生态化处理，可以恢复和增强城市内河的自我修复能力、抗干扰能力和堤坝的生态功能等，同时还可以加强水体对于河岸的渗透性，达到两岸的水分交换和微气候的调节作用。人们的亲水性和共享性也能够得到满足，人与自然更和谐共处。但是，营造生态化的滨水岸线不是表面上简单的将堤坝植被和滨水景观带植物连成一片，而是通过生物多样性和景观安全格局的建立形成一个具有多重功能的复合型生态系统，一个具有景观异质性、物种多样性和生态系统完整性的城市内河景观。

第九章 无障碍建筑环境设计创新应用研究

随着时代的发展，人类的生活质量和空间环境得到不断改善。确保每个公民的安全、健康、舒适和方便，是当代社会文明和城市建设追求的目标，而"对人的关怀"则是其最基本的原则。面对不同年龄、不同生活观、身体状况各不相同的人们，我们应该从帮助他们建立自立生活的角度出发，在建筑设施的配备上与之相适应，为人们提供能在住所和街头巷尾交谈和交往的场所，营造出体贴入微、充满人情味的建筑和城市环境。城市无障碍建筑环境不仅体现了这一原则，而且赋予了新的内容；不仅具有相对的独立性，而且具有广泛的实用价值。本章对无障碍建筑环境设计创新应用进行研究。

第一节 无障碍建筑环境设计的原则与途径

一、无障碍建筑环境设计的原则

（一）可及性

为鼓励各种身体状况的人与社会融合，无障碍环境设计强调环境的可及性。可及性就是能使人方便地感知、到达、进入及使用环境设施，对环境施加作用和影响，以完成自己的行为和目的。它包含三个方面的含义：可感知性、可到达性和可操作性。可感知性指无障碍环境设计要针对视觉、听觉等信息障碍，采取相应措施，充分调动各种感觉的综合及补偿作用，利用方位的引导、材料质感的变化、色彩的对比与反差、声响与标志等，使环境的可感知性增强；可到达性是指建筑和环境要使残疾人、老年人及其他一切行动不便者可以方便抵达、进入并使用；可操作性是指残疾人在无须他人帮助的情况下，独立地从事某种行为。

可及性是无障碍建筑环境设计的最基本原则。因此在设计时应满足所有人特别是残疾人和老年人到达尽可能多的地方和建筑物，并在没有助手的情况下可以毫无阻碍地接近、出入和通过，顺利地使用其中的设施。另外，环境还必须满足残疾人的人体尺度和行为特点的要求，尽可能使操作的难度达到最简化、方便化，避免出现两只手同时才能完成的操作动作。

（二）安全性

安全性是建筑师不容忽视的一个设计上的功能性元素。无障碍环境的主要服务对象是残疾人、老年人及其他行动不便者，由于自身的生理、年龄、疾病、特殊状态等原因，他们对环境的感知力较差，对刺激的反应灵敏性也较低，有时难以克服某种障碍，易发生危险。因此需要从环境设计方面给予弥补，使其能安全地使用。

（三）适用性

无障碍建筑环境设计的目的是使所有人都能使用和享受环境，这是面向全体公众改善人工环境的重要原则。这些无障碍设施在方便残疾人使用，并有助于老年人、儿童、孕妇、携重物者等行动不便的人使用的同时，也要考虑健全人的使用。对某一类设施空间环境来说应提高其适应性，促进设施空间的共用化。

面对各类群体对环境设施的不同要求，设计人员必须仔细权衡利弊综合考虑，做出适宜的决策，不能只偏重于某一类残疾人的特殊要求而广泛选用，以免造成对其他适用人群的伤害。

（四）系统性

无障碍环境设计是一个全面系统的工程，一环紧扣一环，涉及面很广。不能仅局限于某些建筑的人口、坡道、电梯和卫生间等局部，关键是系统化、体系化，达到建筑环境的全面无障碍。除建筑空间外，城市的道路、交通设施和室外公共活动空间也必须同时实现无障碍化。如何建造既能满足不同年龄层次、多种需求的无障碍建筑环境和设施，同时使这些设施在总体规划中也能相互配套，这就要求建筑师用一种系统化的观点来进行无障碍环境设计与规划。以往多以静态的方式来进行无障碍设计，而现今则要求建筑师应持有动态的、系统化的观点来进行无障碍环境设计，使无障碍设施能随着社会的发展、人们的需求而不断调整，适时地形成点、线、面、体的动态空间网络，实现全面的无障碍环境，真正使残疾人、老年人等行动不便者可以平等、同步地共享社会的文明成果和物质环境。

（五）自立性

很多残疾人和老年人都不愿拖累他人，他们将自己的目标建立在生活自立、行动自理上。确保出行环境无障碍化就是以此为目标，通过为有障碍的人提供必要的辅具和便于活动的空间，帮助其提高自身的机能去适应环境，使他们能够独立行动，平等参与社会活动，并形成精神上的自立。

设施环境在设计中应当考虑对不同适用群体应保持尽可能的公平，承认人的差异，尊重所有人，避免分离或因不同标志造成心理伤害，为所有使用者提供同等的私密性和安全性，从而对所有适用群体产生强大的吸引力，保证环境设施高效地使用。

（六）开放性

人际交往是与社会发生联系和体现自身价值的必要手段，也是保持身心健康的必要条件，这对残疾人尤为重要。根据马斯洛的需求层次理论，残疾人在满足了基本的生理无障碍需求之后，需要广泛地人际交往来满足他们对精神的、心理的、信息的需求。一个开放的无障碍空间有助于消除残疾人心理上的孤独感、自卑感、失落感、恐惧感等消极心理，进而建立起热爱生命、热爱生活的积极心态。因此无障碍建筑环境设计应在满足使用者基本的生理、使用、安全需求以及必要的私密性的前提下，注意创造便于人与人交往，尤其是残疾人可以充分参与的开放场所，创造层次丰富的交往空间，满足其心理和精神层面上的无障碍需求。

（七）舒适与艺术性

一般情况下，无障碍设施多是出于为残疾人和障碍者特殊考虑而设置的，如高差处坡道的设置、电梯的设置、轮椅乘坐者专用卫生间的设置等，仅仅强调了其功能性的使用，忽略了其他设计元素，因此这些设施并不一定得到使用者的肯定。

因此，对于居住、办公、交通、文化、艺术、体育与娱乐休闲等公共设施，不仅应便于人们使用，同时还应是一种具有美感、舒适的设计。所提供的不仅仅是具有功能性的坡道，还应是丰富多彩的空间设计。

考虑到生理障碍往往伴有心理障碍，在无障碍建筑环境设计时，还应通过对形态、色彩、质感、声音及气味等进行综合设计处理，以满足不同的感官要求，达到视、听、触、嗅的良好效果，使有障碍的人也可以感受到愉悦。

舒适性是一个因人而异的概念。有人对华丽的设计感到舒适，有人对使用性能超群感到舒适，还有人喜欢舒适的生活空间等等。总之，被大多数人普遍接受的并可以自然融入建筑空间的设计才是最为适宜的。

二、无障碍建筑环境设计的途径

从实践得出理论，再由理论指导实践。通过对可及性、安全性等7项设计原则的系统分析，我们可以找到无障碍建筑环境规划与设计的基本途径，即满足残疾人的生理需求、满足残疾人的心理需求、满足共用性和经济性要求。在规划和设计过程中，如果能将7项原则切实地加以理解、吸收并贯彻执行，无疑这个设计将会是成功的。

（一）满足残疾人的生理需求

满足残疾人的生理需求是无障碍设计的基本要求，也是无障碍设计的基础。在马斯洛的需求层次理论中，基本的生理和安全需求也是所有精神追求的基础。无障碍设计首要的就是要满足残疾人对可及性、安全性的要求。

不同类型的残疾人，其具体的生理要求不尽相同，存在障碍的类型也不同，因此在无障碍设计的途径上也要区别对待。着力改善残疾人的信息障碍、运动障碍和精细操作障碍，是满足残疾人最基本的生理要求。

（二）满足残疾人的心理需求

在满足了残疾人的基本生理需求的基础上，满足残疾人的心理需求就占据了相当重要的地位。一个无障碍设计成果如果仅仅是满足残疾人基本的生存要求，那么这个设计将是低层次的、冷冰冰的、形式主义的和缺乏人情味的。

残疾人对社交、尊重和自我实现上的需求，更多是通过适用性与开放性的设计原则来实现的。

（三）满足共用性和经济性要求

无障碍设计的主要服务对象是残疾人群体，但是并不是仅仅为残疾人而设计、仅供残疾人使用的。在无障碍设计共用性原则的研究中可以清楚地看出，无障碍设计成果是为所有使用人群服务的，其中包括残疾人群。如果仅是单一地或者刻意地为残疾人而设置无障碍设施，显然是不科学的，也是不经济的。在有限地投入下，最大限度地扩大无障碍环境和无障碍设施的受用群体，是符合无障碍设计发展方向的适宜之举。

除了满足残疾人的生理、心理需求之外，经济性因素也要考虑。有些投资商和设计者往往顾虑无障碍设计、设施会耗费大量资金，占用很多宝贵的时间和面积，事实上这是一种错误的认识。其实，建设无障碍环境并不需要太多的经费投入，在新的建设项目中，采用无障碍设计和施工对工程造价并无太大影响。

第二节　城市文化建筑出入口空间环境无障碍设计

一、出入口空间环境序列

城市文化建筑在出入口空间环境序列上可划分为两部分，即城市道路至建筑基地空间和建筑入口至门厅空间。

（一）城市道路至建筑基地空间

城市道路至建筑基地空间序列包括：公共交通站点与城市道路衔接空间、人行道环境、人行道至建筑基地衔接空间、停车场及其至建筑基地衔接空间。

（二）建筑入口至门厅空间

建筑入口至门厅空间序列包括：建筑出入口、玄关至门厅。另外，标识环境中的盲道系统和标识系统贯穿于整个出入口空间环境内。

二、城市道路至建筑基地空间环境无障碍设计要点

（一）公共交通站点与城市道路衔接空间

1. 地铁站出站口

由于地铁站通常设在地面以下，因此要解决出站口至人行道的高差，宜设置无障碍电梯，乘客可以从站厅直接到达人行道。

（1）雨棚、长椅。在公交站台宜设置雨棚、长椅。雨棚在设置时最好考虑侧面挡板，可以抵御雨雪风等恶劣天气对乘客的影响；不在公共汽车的下车口设置影响乘客上下车的障碍物。

（2）导向设施。在接近上车处的人行道上铺设盲道，在该空间较宽裕的情况下可以行进盲道和提示盲道结合的方式设置，在空间较狭窄时可以仅设置提示盲道；盲道颜色应该与人行道路面颜色形成对比，有助于为弱视者提供导向作用。

2. 公交站上下车区域

（1）在公交站点设置高度适宜的标识信息牌（公共汽车的目的地、运行系统、时刻表）。

（2）设置盲文导向标识信息牌，盲文信息应包含公交站名和目的地等信息，同时根据弱视者的需求合理设置标志信息牌上文字的大小以及配色。

（二）人行道环境

1. 人车分流

由于城市文化建筑是人流集散很大的对象，建筑基地衔接的城市道路通常是城市干道，因此人行空间与车行空间分离能够保障行人的安全性。人车分流的方式分为：缘石分离型、护栏分离型和绿化带分离型。

2. 人行道设计要点

（1）人行道宽度。为了轮椅使用者之间顺利错行或并排通行，应使人行道有效宽度大于 2 米，如果人行道宽度不足 2 米，应该根据实际情况将宽度适量做到最大，人行道内应设置超过 1 米宽的轮椅者可使用的无高差路面。

（2）人行道形式。城市中常见的人行道形式为与路缘石平齐，人行道无障碍环境要点包括缘石坡道坡度、横向坡度、坡道尽端水平距离、缘石坡道尽端与人行横道高差和排水沟盖缝隙间距。

除人行道与路缘石平齐型外，还存在人行道与车行道平齐型，此类人行道在铺设时应注意，由于人行道与车行道无高差，为了避免视觉障碍者难以分辨人行道和车行道边界而出现危险，应在人行道与车行道相接处做坡度 1∶20 的坡道将人行道和车行道之间做出高差（高差<20 毫米），用以提醒二者的边界。

（3）其他。①确保人行道有效宽度：当人行道区域内设置电线杆、标识杆、马路灯、信号杆等设施时，应该尽可能确保该处人行道有效宽度，同时此类设施相对于视觉障碍者可视为障碍物，应该考虑设计提示设施。②尽量确保视觉障碍者步行路线保持直线：要考虑绿化、树木等与视觉障碍者步行路线的位置关系。③在人行横道起止处可设置钟音提示设备，提高视觉障碍者和听力较弱的老年人过马路的安全性。

3. 人行道内盲道铺设要点

人行道内盲道铺设主要包括缘石坡道处、人行道圆角处、盲道方向变化处、人行横道处、曲折铺设盲道处几个重要节点。①盲道铺设时，行进盲道为单排铺设；方向变化、高差变化处铺设提示盲道，为双排铺设。②提示盲道与人行道尽端等对象间距为 30 厘米；行进盲道与墙面、栅栏等侧界面间距应为

60 厘米。③为避免从缘石坡道进入人行道的视觉障碍者误撞围墙或栅栏，应在行进盲道方向改变处设双排提示盲道。④在人行横道处可连续铺设提示盲道，用以帮助视障者正确判断方向。

4. 人行道铺装要点

（1）路面平整。避免出现高差和凹凸不平的路面，当人行道施工时，应尽量留出平整区域。

（2）防滑。在选择铺装材料时，人行道铺砖和盲道砖都要注意雨天时的路面防滑性能，尽量避免使用遇水易打滑的材料。

（3）透水性良好。铺装材料透水性好可避免通行路径中积水，确保路面平整。

5. 人行道旁长椅设置要点

由于障碍者、老年人和其他无障碍环境需求者通常具有无法远距离行走的特点，因此在不影响步行者通行的空间内可设置长椅，通常设置长椅的人行道有效宽度应大于 3.5 米，设置长椅后的可通行人行道宽度应超过 2.0 米。

长椅的椅面高度应为 40~45 厘米，并设置扶手，扶手形式应便于握持；扶手应高于椅面 25 厘米左右；长椅的颜色可以考虑与路面形成对比，便于寻找；在较长的人行路径设置长椅时候的间隔应在 500~600 米。

第三节　面向残疾人使用的公共建筑无障碍设计

一、残疾人对无障碍设计的使用要求

任何一种工业品的设计，如果前期不充分分析考虑其未来使用者的使用习惯而盲目地闭门造车，往往会造成产品的适用性降低，对使用者造成不便甚至伤害，影响产品品质。按键过小的手机，拉手过高的公交车扶杆，难以开启的罐头，在我们的生活中类似于此的失败设计比比皆是。无障碍设计也是如此，残疾分为很多种类型，各个类型的行为特点不同，对无障碍设计的要求也不相同。而针对每个残疾人个体，由于其性格、性别、年龄、残疾程度等都各不相同，行为特点更是千差万别。因此，研究各类残疾人行为能力的区别，是无障碍设计的基础和必要条件。

（一）肢体残疾人对无障碍设计的使用要求

肢体残疾人最主要的困难就是行动困难，需要借助手杖、拐杖、助行架或者轮椅等助行工具行动。他们有的可以独立行走，有的则需要别人帮助才能行走。因此肢体残疾人对无障碍设计最主要的要求也就是对其行动上的无障碍关怀。由于肢体残疾人在行走中需要借助助行工具，因此在通行过程中要求建筑物的水平通道及垂直通道的宽度、高度、坡度及地面材质等都应能符合乘轮椅者及拄拐杖者方便与安全的通行要求。对建筑物的公共设施，如坡道、台阶、门、楼梯、电梯、电话、扶手、洗手间、服务台、饮水器、取款机、邮筒、售票机、轮椅席位、轮椅客房及卫生间、停车车位、标志等，在形式及规格上均需满足轮椅使用者及步行困难者等肢体残疾人群体方便使用的要求。

1. 轮椅使用者

轮椅使用者在移动时要求具有更多的空间，因此，无障碍设计的很多基本数据都是以轮椅使用者要求的数值为依据的。轮椅在平地上可以自由地移动，但是当遇到地面高差、斜度较大的陡坡时会给轮椅使用者的行动造成相当大的困难；狭窄的出入口和走廊，也会造成通行障碍。轮椅使用者在使用卫生间马桶、床铺时，需要一定的回转半径以方便身体的动作，这些都需要在设计上充分考虑预留出空间的余量。

2. 步行困难者

步行困难者由于弯腰、屈腿等有一定困难，在扶手、控制开关等的设计应以站立者可及的范围内为宜。此外，坡道针对轮椅使用者来说可能是必不可少的，但是对步行困难的残疾人来说，台阶有时候可能对其行动来说更容易一些。此外步行困难者在坐下时一般需要有恰当的位置摆放手杖或拐杖之类的助行工具，使其可以方便地摆放和取用；另外在步行困难者从坐姿起身的时候，其身边应有可以使其借力支撑身体起身的扶杆。

3. 上肢残疾者

上肢残疾者由于手臂功能的缺陷，在对物品的取用和设施的使用上存在一定的障碍。因此，针对上肢残疾者的无障碍设计需要满足他们能够顺利地拿去物品和使用一般设施的要求。因此应尽量减少需要用手指及双手操作的设施，例如，尽量使用杠杆式、横执式的门把手代替需要全手握、扭、推的球形门把手，单手即可操作开启关闭的窗户等设施。

（二）知觉残疾人对无障碍设计的使用要求

人对危险都是通过视觉、听觉、触觉等各种感觉器官来感知的，而知觉残疾人恰恰在这些方面存在缺陷和障碍。但是，所有的感觉器官都不健全的人是不存在的，因此，对一部分感觉器官衰退或有缺陷的人来说，如果通过他们其他的健全器官完全是可以感知危险的。知觉残疾可以依靠其尚存健全的知觉器官来判断周围环境，因此，加入某方面的声音、色彩、质感和气味的设计因素可以帮助他们认知周围的环境。例如视觉残疾人可以依靠手和盲杖的触觉、行走时对地面的触觉、环境中的各种声响和味觉等对环境做出相应的反应。在建筑中的一些区域设置视残者使用的触觉地图和盲道及导盲声体、触觉信号、地理标志、变化的光源、墙面上的图形和特殊的导向装置等，可以指引视残者认知环境并自由行进。如人行道上立缘石和边缘障碍物对有部分视觉障碍者来说就是很有用的提示；颜色鲜明的标记牌也可帮助知觉残疾人获取周围环境的信息。

（三）无障碍设施用户的反馈作用

任何事物都是亲历者最有发言权。因此，所建环境的使用者及他们所属组织的作用在促进无障碍设计中是至关重要的。残疾人作为无障碍设施的主要使用者，其每天在现有环境中需要克服的许多困难与不便，从而积累下的宝贵的洞察能力与使用经验，是我们在无障碍设计中的宝贵财富。因此，残疾人群体应该完全介入到无障碍设计中的规划、建设监理和用后评价阶段的每个步骤中，对决策、规划、设计、实施、运行及维护等提出要求和建议，从而使无障碍设计更加合理化，无障碍环境的建设更加完善，无障碍设施的使用更加人性化。

二、公共建筑无障碍设计的实施方法

无障碍设计涉及我们生活中的各个方面和领域，包含着市政工程、建筑设计、机械设备、城市管理等许多环节，小到一个生活器具，大到一座城市，都可以是无障碍设计的"舞台"。

（一）交通及疏散系统

1. 楼梯

楼梯是建筑物交通系用中最基本的组成部分，也是危险产生时的疏散通道，因此楼梯的设计是无障碍设计的重中之重。楼梯在形式的选择上应采用有休息平台的直线形梯段和台阶，不应采用无休息平台的楼梯和弧形楼梯，因为对于视觉者来说，弧形的楼梯会使其失去方向感，此外弧形楼梯的台阶内侧与外侧的水平宽度不一样，会给残疾人造成很大的行动不便，甚至容易发生危险。在踏步的设计上应尽量避免只有踏板而没有踢面的踏步形式和踏板挑出的凸缘直角形踏步形式，因为这些形式的踏步会给步行困难者造成障碍。

楼梯设计的普遍规律是：楼梯坡度越小，上下楼就会感到越舒适，并且下楼时的危险性也会越小，因此，楼梯的梯段宽度及踏步的水平宽度和垂直高度的尺寸必须使残疾人可以方便安全地使用。楼梯台阶的有效宽度应不小于1.20米，每级踏步的高度宜在0.10～0.16米之间，宽度在0.30～0.35米之间。此外台阶转弯处的停留空间应考虑担架能够通过，楼梯两侧在0.90米高度应该设置扶手并保持连贯，楼梯起点和终点的扶手，应水平延伸0.30米以上。楼梯要有良好的照明，将良好的照明和台阶对比的色彩结合起来，对视力残疾人是很有效果的，这样可以帮助他们辨别到楼梯的位置和踏步的尺寸。此外，在楼梯踏步的起点和终点处应设置铺设有停步块材的盲道。

2. 电梯

在现在的大部分公共建筑中，电梯往往是最主要的垂直交通工具。与普通电梯相比，残疾人使用的电梯应在许多基本功能方面有特殊的考虑，这些功能决定残疾人使用电梯的能力。供残疾人使用的电梯，在规格和设施配备上均有所要求，例如电梯门的宽度、关门的速度、梯箱的面积，在梯箱内安装扶手、镜子、低位及盲文选层按钮、音响报层按钮等，并在电梯厅的显著位置安装国际无障碍通行标志。电梯的梯箱需要满足轮椅的可进入要求，电梯内应设有残疾人专用的操作按钮，按钮的位置需要在残疾人能够触到和看到的范围之内，按钮上应设置盲文或可触式铭文，在电梯上、下运行及到达应有清晰的有声反馈，方便视力残疾人的使用。此外，电梯门对有残疾的使用者来说经常是最大的危险和障碍，过程太短和不灵敏的前缘按压传感器都会导致事故的发生，往往容易将行动较慢的残疾人夹伤，这是在设计过程中需要突出考虑的。

（二）建筑内设施

1. 门

建筑物的门通常是设在室内外及各室之间衔接的主要部位，也是促使通行和保证房间完整独立使用功能不可缺少的要素。门对残疾人起着重要的作用，门的部位和开启方式的设计需要考虑残疾人的使用方便和安全。门的无障碍设计如果设计得好，则门可以既能供残疾人自由出入又能防火；如果设计得不好，则它们将对使用建筑物的残疾人构成相当大的障碍。不仅门自身重要，而且在厅堂平面设计中门的位置，以及门在墙上或走道的位置也很重要。门的开口净宽度应保证在门完全打开的状态下轮椅者的正常进出，国际上的最低通行标准是0.80米以上，但是实际设计当中最好应在0.85米以上；在门板距地面350毫米处应设置保护板，防止轮椅的脚踏板和门发生碰撞；门把手的位置及形状应该根据轮椅使用者和上肢残疾者容易使用的高度和习惯进行安装；此外，最好能在门上设置能够看到大门对面情况的局部透明窗。可供残疾人通行的门不宜采用旋转门或弹簧门，并且门扇及五金等配件应考虑便于残疾人开关，门上安装的观察孔和门铃按钮的高度应考虑乘轮椅者的使用要求。通常针对残疾人来说，适用其使用的门按照开关的难易程度来分，从简单到复杂依次是：自动门、推拉门、折叠门、平开门、轻度弹簧门。公共建筑的门宜采用玻璃门的形式，这样可以使残疾人确认对面是否有接近门口的人，起到防止相互碰撞事故的作用。

2. 扶手

扶手是为步行困难者提供身体支撑的一种辅助设施，也有避免发生危险的保护栏作用，同时连续的扶手设置还可以将残疾人引导到目的地。在建筑物中的楼梯、坡道、走道、入口大门、卫生间等均需要考虑设置残疾人扶手，扶手应具备连续性和坚固性的特点。

3. 家具及设备

对于家具及设备的无障碍设计和对于建筑的设计要求相同，都需要以残疾人方便为目标，并且避免由于不合理的设计而引发的伤害或危险。只有合理系统地配置家具、器具，才能提高建筑的使用价值，塑造建筑的人性化空间。例如建筑入口处可以设置表示建筑内部空间划分情况的触摸式平面图，这样，视觉障碍者就可以顺利地获取所需要的环境信息。

在家具和设备的安装上均需考虑轮椅使用者的身体尺度，高度上要满足轮椅使用者的要求，包括橱柜的高度、开关按钮的高度等，因为相对于健全人来说，轮椅使用者上肢活动的高度可及范围相对较低，因此对轮椅使用者常用的家具与设施需要单独设置。

第四节　无障碍建筑环境设计的评价

一、评价体系的初步认识

（一）评价体系的概念

无障碍建筑环境设计研究的客体是颇具复杂性的建筑环境，这就不可避免地使无障碍建筑环境设计具有相当的复杂性和矛盾性，设计评价是对设计项目建构、方案的优劣程度及实施可行性的综合判断，是开放式设计过程的重要环节，对设计组织过程和设计成果有着重要的影响，这是评价体系对无障碍建筑环境设计本身的重要作用。由此可见评价体系作为无障碍建筑环境设计保障体系的有机组成对城市建设起到的重要作用，这也是它在无障碍建筑环境设计中重要地位的体现。

评价体系作为城市设计运行的保障体系的重要内容，应建立相应的定性与定量相结合的科学方法体系。这一体系应由机构设置、评价方式、指标体系三部分组成，对无障碍建筑环境设计方案（编制行为）、无障碍建筑环境设计运行（实施行为）、无障碍建筑环境设计作用（实施效果）进行科学分析与评估。

（二）评价体系的人员组成

评价人员是评价体系的主体，是评价的发起者、组织者和实施者，也是评价体系是否公平、合理的关键所在。

由于判断评价与价值取向有关，为保证评价的科学性，必须吸收具有广泛代表意义的人员参与，这是设计评价的多元化特征之一。设计评价的参与人员一般包括下列人员的代表：城市建设管理者、城市领导者、投资者、使用者、经济专家、社会学家、环境学家、心理学家等。他们分别代表各阶层、各方面的利益，只有权衡了各方的价值观，评价才可能做到公平、合理。

这里要特别指出的是使用者，因为无障碍建筑环境所对应的使用者是一个包括残疾人、老年人、儿童和正常人的群体，如果评价人员中的使用者仅选取身体正常的人组成的话，那么评价就失去了价值和意义。

最好能创建多学科的工作组，使之能进行切合实际的无障碍建筑环境设计，有一个有效的方法——编制"合作程序"。在这一过程中，构成工作组的多学科成员互相影响，共同做出一系列评价，并在他们中的任何人开始设计之前就对整个结果有一个共同的展望。通过达成对整个项目结果的相互一致的意见，合作者们就能充分地把握整个项目和自己的详细工作框架。

如果政治家、经济学家、开发商、规划师、建筑师、风景建筑师、工程师和施工队从一开始就有机会互相交流，了解各自对关键设计问题的不同看法，就可以消除许多常见的（和可以避免的）开发问题。设计中减少矛盾的最佳时机是在矛盾产生之前，即在论证设计目标如何实施开发之前。除了提出衡量项目成功的标准外，成员们也要提出达到标准的开发概念。工作组达成共识的有效方法之一是，成员们从各学科角度提出一系列"如果……会怎样？"的问题，作为检验开发可能性的试差法，并且从每个成员的视角来评价每项建议，提出问题并确定改善设计的最佳途径。各学科的成员会找到他们寻求的、有些是各不相同的答案。把这些答案放在一起，他们就有了更丰富和更完整的发现。

应该在三个层面设置有效的评价机构，即管理机构、技术机构和民间机构，通过他们在各自涉及的领域和过程中对无障碍建筑环境设计运行做出的评价，综合成完整的评价体系。

与其他评价体系不同，无障碍建筑环境设计过程保障体系中的评价人员往往在实际操作中有可能是无障碍建筑环境设计的参与者，只是他们在过程中的不同阶段或者不同项目所承担的角色任务不同而已，这种特性一方面是无障碍建筑环境设计过程性和弹性的体现，使得无障碍建筑环境设计过程保障体系真正成为一个有机的组成；另一方面也对评价体系的组成提出了更高的要求，只有符合相当程度的逻辑性才有可能形成真正有效的评价。

二、评价目标

根据无障碍建筑环境设计的现状与需求，以科学引导无障碍建筑环境设计的可持续发展为目标，无障碍建筑环境设计评价研究的目的主要体现在以下三个方面。

第一，正确诠释无障碍建筑环境设计的发展内涵，全面展示其发展的核心要素。无障碍是用于区分通往建筑环境可持续发展不同进程的理论，而非评判这些进程结果的方法。因此，对无障碍建筑环境设计程度的评价也就不仅仅是对最终结果的评价，而是对通往这一进程的关键要素及其发展水平的综合评价，换言之，是对建筑环境设计的发展趋势是否符合以及在多大程度上符合无障碍发展方向并最终实现无障碍的潜力的综合评判。为此，全面解析无障碍建筑环境设计的关键要素、能力、趋向和水平成为构成无障碍建筑环境设计评价体系的首要问题。

第二，准确把握各阶段的发展水平以及存在的关键性问题，科学引导无障碍建筑环境设计。通过多维度、多层面评价体系的设计，在正确了解各关键要素以及整体无障碍建筑环境设计水平的同时，科学识别无障碍建筑环境设计的主要问题以及管理完善的重点环节，为有效提出无障碍建筑环境设计对策提供科学依据。

第三，宣传无障碍建筑环境设计理念，推动建筑环境设计的可持续发展。通过评价体系的设计与应用，向被评价者宣传无障碍建筑环境设计的理念和知识，促进产业全面理解无障碍建筑环境设计内涵，培养和树立无障碍建筑环境设计的意识与理念。

三、评价指标体系

（一）指标的计算方法

对于无障碍建筑环境设计的评价指标体系主要采用加权求和模型。加权求和是传统的也是最常用的综合评价方法，即各要素的评价得分乘以各自的重要性系数后相加的方式。这种方法强调指标的群体性和叠加性，即个别指标的落后对系统整体功能不会造成太大影响。

（二）指标的适宜性

（1）本体系中的建筑环境宗旨是：保护生态、节约资源、防止污染、提高建筑环境舒适度，创造安全、健康、优美的人居环境。

（2）本体系分为建筑环境和城市环境两大类。建筑环境从交通、构造技术、设备和家具、视觉标志和信息技术保障 5 个方面进行全面评价；城市环境从交通、设施、视觉标志 3 个方面评价，采用加权求和的评分方法，且要求各分项得分必须满足 60 分（含 60 分）以上、总分在 80 分以上（含 80 分）为合格的基本条件。

（3）本体系适用于指导、检查、评价无障碍建筑环境在规划设计、施工建造、维护管理等各阶段的建设工作。

（三）指标说明

1. 编制说明

无障碍建筑环境是个复杂的巨系统，涉及经济、社会、建筑等多个方面，我们从交通、构造技术、设备和家具、视觉标志和信息技术保障这 5 个方面对建筑环境进行分析；从交通、设施、视觉标志 3 个方面对城市环境进行分析。这两个大类 8 个方面基本涵盖了无障碍建筑环境的各个角度，但各个子项又是相互交叉、纷繁复杂的。如果只从某一方面来讲，现在评价的内容又不能全部涵盖，只能是各有所侧重，以求得最终评价的全面、客观。

2. 评分说明

（1）采用加权求和的方法进行，建筑环境分类中交通占综合权重 25%，构造技术占 25%，设备和家具占 25%，视觉标志占 15%，信息技术保障占 10%；城市环境分类中交通占综合权重的 40%，室外设施的 40%；信息标志占综合权重的 20%。

（2）为了更直观地反映单项成绩，各单项在具体评分时按百分制评价。

（3）项目是否为无障碍建筑环境的结论建立在单项都及格的基础上，如果有一项单项不及格，则整个项目评价为不合格。最后总分的得分在 80 分以上（含 80 分）的可称为无障碍建筑环境。

第十章　环境设施设计创新应用研究

环境设施设计是伴随城市发展而产生的融工业产品设计与环境设计于一体的新型环境产品设计，它同建筑一样，是随人类的发展而产生，并遵循城市的发展和城市构成的要求而发生变化。本章即从环境设施设计的概念、特征、功能、原则、方法、步骤等基础内容入手，进一步对校园环境设施的信息化设计、城市 CBD 公共环境设施的可持续性设计展开研究。

第一节　环境设施设计概述

一、环境设施设计的概念内涵

环境设施设计是一个较为宽泛和模糊的设计概念。不同国家对于环境设施的称谓也不尽相同，如欧洲国家将环境设施称为"街道家具"（Street Furniture）、"城市家具"（Urban Furniture）或"城市元素"（Urban Element）；在日本被称为"步行者道路的家具""道的装置"或"街具"等；中国则习惯性地将其称为"环境设施""城市环境设施""公共设施"或"景观设施"。

虽然在名称上对环境设施的称谓不尽相同，但其实质是一致的。在概念的界定上，环境设施都特指位于公园、广场、街道以及商业区、办公区和居住区等环境中，为人的行为、活动提供便利，且具有一定视觉美感的各种公共服务设施体系，以及相应的环境识别系统。它是环境统一规划和为满足人们多种功能需求的社会综合服务设备。从这一点来看环境设施作为公共的环境产品，其主要功能还是在于它的便利性、舒适性、装饰性和公益性等特征。

二、环境设施设计与城市的关系

(一) 环境设施是展现城市形象的主要手段

环境设施是城市的有机组成部分，对于提升城市持续发展的文化品质，塑造城市整体形象以及装饰和美化城市环境起到举足轻重的作用。在西方国家，通过环境设施的设置来塑造良好的都市形象、擢升城市文化品位的做法已获得普遍的认同。如英国街头的"红色电话亭"、法国巴黎的"地铁站入口"、美国亚维茨广场上的"曲线座椅"、日本富有个性的"井盖"等，这些设施其自身意义已经超越了单纯的功能性设施而升华为一种艺术品，于静默之中展现着城市的文化韵味及艺术品位。

(二) 环境设施是体现城市地域精神的重要方式

承载地域文化、体现地域特征以及传承城市精神不仅是环境设施的内在属性，同时也是环境设施的价值所在。任何环境设施都是根植于特定的历史文化、地域特点和气候环境之中的，这是环境设施的生存之基，失去这个根脉，环境设施就丧失了存在的价值，最终会沦落为一堆毫无意义的、苍白的功能符号。

(三) 环境设施是提升城市魅力和竞争力的有效途径

在当代，经济已不再是衡量一座城市发达与否的唯一标准。国际、城际间的竞争越来越倾向于以城市文化为核心的综合实力竞争。尤其是在"同质化"城市时代，城市文化以及城市形象的优劣将成为决定未来城市在竞争中胜负的关键因素。

现代城市形成核心竞争力评价系统包含五个方面：实力系统、能力系统、活力系统、潜力系统、魅力系统。环境设施是城市魅力系统的有机组成部分，虽然它只是构成城市核心竞争力的一个元素，但从美化城市环境、重塑城市形象的角度来审视环境设施，其对提高城市影响力、竞争力的作用却是巨大的，甚至是决定性的。特别是在全球化的背景下，富有特色和艺术性的环境设施对于提升城市关注力、培育城市的知名度都起到举足轻重的作用。

三、我国环境设施设计的发展现状

（一）环境设施品质良莠不齐

环境设施设计在我国的公共环境建设中出现的时间虽然较晚，但发展却很快。在大规模的"城市美化运动"风潮的推动下，环境设施建设也出现了前所未有的繁荣局面。为了与城市发展同步，许多环境设施尚未经过仔细推敲便匆匆进入了公共领域。由于环境设施的急速介入以及艺术质量的高低不一，导致了整体水平良莠不齐，致使作为城市元素的环境设施不但没有起到美化环境、提升生活品质的作用，反而丑化了环境，在一定程度上影响到了城市环境的美誉度。甚至一些设计粗劣、功能模糊、色彩杂乱、不符合人体尺度的设施演变成为一种景观污染，弱化了环境的整体品质。

（二）主要场所缺少环境设施

如果把一座城市比喻成一个家庭，广场就是城市的客厅，交通转运站便是城市的门户，街道即城市的流线，它们肩负着传达城市品质、精神和风貌的重任。广场、街道以及交通枢纽区域不仅是人们进入一座城市的必经之处，也是人们驻留时间最长的地区。作为人们感受城市形象、文化品位以及城市特色的初始之地，这些区域对于塑造城市形象、展现城市魅力具有举足轻重的作用，因此，它们应成为环境设施建设的重点区域。但现实与之相反，由于座椅、盥洗台、公共卫生间以及指示系统等设施的匮乏，几乎使这些地区变成一处失落的场所。

第二节　环境设施设计的特征、功能及原则

一、环境设施设计的特征

（一）公共性

环境设施作为一种城市家具，是放置于社区、广场、公园以及交通枢纽站等公共区域，为公众提供服务和便利的生活设施。与室内家具的个人私属性产

品不同，环境设施更多的是强调大众参与的均等性与人们使用的公平性，即设施产品使用的公共性特征。这种特性主要表现为环境设施应不受年龄、性别、国籍、文化背景、教育程度以及身体状况等因素的影响和制约，而能被所有使用者平等地使用，这也正是环境设施区别于室内家具等私属性产品的根本不同之处。

（二）识别性

识别性是指环境设施在视觉层面的易于辨别性和方便可读性。良好的环境设施应该在造型、色彩、结构以及主题文字上突出其鲜明的个性特征，才能保证人们在复杂的环境中快速地发现所需要的设施。如果设施与周围的环境过度融合，以至于湮灭在环境之中，需要者就很难在第一时间发现它。如果设施上的图形比例失当或说明文字含混不清，就容易给使用者带来不便，甚至是误导。所以，环境设施在形态与细节的设计上务必要尊重人的视觉以及生理与心理习惯，能够让使用者在最短的时间内找到所需要的设施，并清楚它的用途，这才是优秀的环境设施设计。

（三）整体性

环境设施与公共空间和建成环境之间是一种和谐统一的整体关系。这种整体关系不仅体现在设施的造型、色彩、布局以及其他要素之间的结合方式，乃至设施的风格、细节在精神和文化方面与环境的一致性，同时也体现在各设施内容间的内联性上。通过设施与环境、设施与设施以及设施自身的协调，才能达到环境设施与所处空间的和谐统一。

二、环境设施设计的功能

（一）防护功能

防护性设施指公共环境中为保护某一区域行人、车辆的安全或规范人、车的行为而设置的一些设施，如围墙、绿篱以及交通线等。防护性设施依据其材质、高度、连续性以及穿行比率的不同，可以分为三种类型：硬性防护设施、柔性防护设施、虚拟性防护设施。

（二）划分功能

公共空间由于其使用性质不同而会形成许多不同类型的空间形式，如广场环境通常被划分为开敞空间、封闭空间、半封闭空间、静谧空间和流动空间等形式。不同类别的空间往往需要一些环境设施将其分割开来。这类具有分隔空间作用的设施通常为间置的绿篱、座椅、隔离墩以及艺术品等。由于此类设施本质上并不是为了隔绝空间，而是为了丰富空间形式来满足不同人群的需求，所以，它并不阻拦人车的通行。在形式上，除一些实体性的设施可以划分空间外，地面的铺装通过其色彩、肌理、材质以及地面高差的不同，也可以起到划分空间的功能。

（三）标识功能

标识功能又被称为标志性功能或存在性功能，指存在于某一场所或区域内的环境设施要能够起到一种标示环境特征或区域特色的作用，并以此来展现设施本身及其所处空间环境的存在感。

（四）便捷功能

便捷是环境设施的重要功能。这里所谓的便捷包含两个层面的内容，其一是设置的合理性。即公共场所中环境设施的设置要从人的使用需求出发，如商业街或步行街道路两侧要在适当的距离内建电动车停靠站、公共厕所、座椅、盥洗处、垃圾箱以及遮阳篷等设施，以此来方便人的使用需求。其二是设计的合理性。即环境设施的尺度、比例、色彩要满足人的生理尺度和使用习惯。如公园内指示牌的高度要与人的视点相适应，不能过高或过低，图底关系对比要明显，才能让使用者方便快捷地获得所需的信息。这些人性化的设置和设计不仅体现了对人的关怀，同时也充分考虑到了人的行为特点，给人们的行为活动提供了最大限度的便利性。

三、环境设施设计的原则

（一）人性化

人是城市环境的创造者和最终使用者。城市公共空间中的环境设施必须考虑人的需求，以人的行为和活动为中心，把人的因素放在第一位。环境设施与其使用者相比，它的设计宗旨应突出人，而不是设施自身。任何过分夸张、喧宾夺主以及忽视人的生理及心理需求的设计，都是对人性化原则的违背。

（二）安全性

环境设施的安全性是指放置在公共空间供人使用的设施产品在尺度、肌理与细节设计方面应能满足人的基本生理需求，以免给使用者造成安全隐患。如在道路铺装设计方面，所采用的材质不仅要耐用，而且要具有一定的防滑性，以防行人在雨雪天气时因道路湿滑而跌倒。在座椅设计方面，户外座椅的结构连接处以及扶手转角等部位尽可能采用圆角的形式，以免突兀的直角对人体部位造成伤害。

（三）艺术性

环境设施的艺术性指通过造型、色彩、质感、肌理以及构成方式和布局方式的设计，使环境设施在视觉上所呈现出的一种美学意象。美是人与生俱来的本性需求。鸟语花香、景色宜人的环境能促进人的荷尔蒙分泌，平缓人的心情，抑制其冲动；空气污染、声音嘈杂的恶劣环境则会加速人的心跳，导致极端情绪的发生。环境设施作为城市元素，对营造美的城市环境具有重要意义。所以，出现在公共空间中的每一件环境设施都必须是美的和具有艺术性的。

（四）可持续性

可持续设计也被称为生态设计或绿色设计，是指在产品整个生命周期内，着重考虑产品的可拆卸性、可回收性、可维护性以及可重复利用性等属性，并将其作为设计目标，在充分考虑环境的同时，保证产品应有的功能、寿命及其质量等要求。

第三节　不同类别环境设施的设计

一、信息交流类设施——广告招牌的设计

第一，大型户外广告在建筑设计之初，就要充分考虑与建筑物的结合方式。在展示结构上是采用悬臂式、悬吊式还是嵌入式，在照明方式上是采用内部照明、外部照明还是无灯式照明，都必须提前考量做好预设工作。在确定某一特定的形式和照明方式后，将其基本架构与建筑结构进行整体设计，以免建

成后广告形态与建筑形态格格不入。

第二，广告招牌的尺度大小要以所依托的店面和公共空间的尺度大小为设计依据，不能武断地随意放大或缩小。大型店面或大型建筑物的广告招牌适宜尺度大一些，小型店面或小建筑物上面的广告适宜精致一些；狭小空间中的广告招牌不宜过大，空旷环境中的广告招牌不宜过小。美国和日本等一些国家的广告拍摄经验表明，在以中小型店铺为主的商业街中，出挑式招牌和其他各式招牌以 1 平方米为最佳视觉和宣传尺度，使用效率也最高，独立的大面幅广告板高度在 5 米以下为宜。

第三，给广告林立的公共空间制定一些理性和秩序的原则，这对于调和城市视觉形象。提升城市环境的美观性具有很大的意义。商家在城市公共空间设置广告招牌的目的在于介绍和宣传产品，最终达到促进销售的目的。由于沿街商铺经营内容以及面积大小的不同，导致其广告招牌的形态各异。有时商家为了提高宣传效力会极尽所能地安置各式各样的广告招牌，丝毫不考虑在形态、色彩以及照明方式上与周围广告牌的协调性，更不关注广告招牌作为城市元素的美学价值。这就直接导致了城市空间的杂乱无章，让人心烦意乱。要改变这种状态，就需要设计师对街道两侧的广告招牌进行适当的调整。通常的做法是将建筑入口上端的广告牌底边高度保持一致，对于连续性强或出挑式的广告招牌在幅面、造型、色彩以及照明方面尽量取得统一。

二、公共卫生类设施——饮水装置设计

饮水设施是公共空间中为人们提供饮水或盥洗之用的设备的总称。由于城市发展水平的差异性，饮水设施在国外城市的公共空间中已经成为一种司空见惯的装置，但在我国，这类公共设施依然很少。随着我国城市建设的快速发展以及旅游业的兴盛，人们对公共空中饮水设备的需求日益凸显。

饮水装置作为城市公共卫生系统的重要组成部分，它的设计需要考虑三个方面的问题。

其一，要考虑饮水设施设置的合理性。饮水设施多设置于人员密集、人流量集中或是流动性大的机场、车站、公园、步行街以及风情区等公共环境之中。而且饮水设施应尽量避免独立设置，而应与小型售货亭、购物机以及休息设施相结合，以方便公众饮用、洗手或清洗果品之用。另外，公共空间中的饮水机在建造时还要充分考虑与城市给排水系统的连接，这样可以便于为饮水设备提供水源，同时也有利于污水排放。

其二，要考虑饮水设施尺度的合理性。置于公共环境中的饮水设施既然是为公众服务，那么它的尺寸设计就必须符合人的基本尺度。成年人的饮水、盥

洗的高度大约为 80 厘米（水盆的常用位置高度），儿童的饮水和盥洗高度大约为 65 厘米。由于出水口一般要高于水盆的高度，为了方便大多数人使用，成人用饮水设施的出水口（水龙头）距地面的高度通常设置在 100～110 厘米之间。这样，身体尺度较高的人在使用饮水设施时不至于过度俯身，而较矮的人也不至于要踮起脚尖，从而避免尴尬场面的出现。适于儿童使用的饮水设施其出水口距离地面的高度大于在 60～70 厘米之间，这个尺度能满足大多数少年儿童的使用。另外，为了防止流入地面的水对人的衣物或鞋袜造成浸污，可以在饮水设施下面设置高度在 10～20 厘米的踏板。

其三，要考虑饮水设施的艺术性。由于饮水设施本身是一种工业品，工业品给人的印象往往是冰冷的或呆板的。为了淡化这种惯性思维，让饮水设施在满足公众生理需求的同时，也能够很好地美化和装饰城市环境，饮水设施的设计应尽可能摆脱工业风格，谋求与雕塑或公共艺术结合，使其升华为城市艺术品。

三、交通安全类设施——公交候车亭设计

第一，候车亭要具有易识性和自明性。易识性和自明性是所有公共设施的第一设计原则。所谓的易识性和自明性就是指候车亭易于辨别，能够让有乘车需求的人们在最短的时间内发现和使用该设施。要做到易识性和自明性就需要对同一城市、区域、道路、车种或路线的候车亭在其造型、色彩、材质以及位置的设计上做到统一连续。站牌的规格、色彩以及字体也应统一而醒目。

第二，候车亭要与环境相适应。这是指公交候车亭既要与环境相互协调、相互融合，同时又要与周围环境具有一定的对比性和特异性。如果候车亭过于服从周围环境，就会被周围的环境或色彩所淹没，无端地增加识别的难度。如绿色的候车亭设置在绿树之下就很难识别，这与候车亭要具有易识性和自明性的原则是相违背的。所以，它的设计要在色彩和材质方面探索与周围环境的差异性存在。但这种差异性不可太过，要防止因形态特异而显得鹤立鸡群，造成候车亭游离于整体环境之外，无法与之融合的窘境。

第三，候车亭要体现城市或区域的环境内涵。每座城市因其自身所处的地理环境和所经历的历史不同，就会形成不同的地域特点与文化特色。候车亭作为城市形象的构成元素，应该能够承载或体现该座城市的个性与特色，如果脱离了具体的环境而盲目照抄照搬其他城市的候车亭造型，就会出现淮橘为枳的尴尬现象，给人以不伦不类之感。所以，候车亭的形态设计还是要根植于该地区的地理、历史以及文化特点，防止千城一面的现象发生。

第四节 环境设施设计的方法与步骤

一、环境设施设计的方法

（一）五感设计法

五感设计法源于心理学和生理学关于人体从接受刺激到产生行为的过程研究。心理学认为人的任何行为都不是凭空产生的，而是有机体对所处环境的反应形式，因此心理学家将人的行为的产生分解为刺激、生物体、反应三项来研究。

人在接受外界刺激时要具备良好的感觉器官，即眼、耳、鼻、舌、身，因而也相应地形成了人的五类感觉：视觉、听觉、嗅觉、味觉和触觉。了解到人在接受外界刺激的情况下所做出的反应过程，就为设计人性化的环境设施提供了理论依据，即以人为本的服务型公共设施的设计需要尊重人的这五种感受。

1. 视觉感

人接受外界信息大约 80% 是经过视觉而获得的，人的眼睛是对外界光、色、形反应最敏感的器官。在进行公共设施设计时，首先要使其能满足人的视觉需求，即易于发现、辨别。如户外座椅、候车亭、指示牌等设施的色彩要与周围环境有一定的差别，以免与环境色雷同而增加辨识的难度。

2. 听觉感

人耳可听到的声音范围非常广阔，声压级为 0~120 分贝、频率为 20~20000 赫兹都可以听到。声音又可以分为有规律的声音即音乐，和无规律的声音即噪声。音乐能陶冶人的情操，振奋人的精神，愉悦人的情感；而噪声则会令人产生不愉快感，妨碍人的生活，打扰其交往，导致人精神紧张。基于人对声音的听觉反应，在公共设施设计时要注意设施防噪、降噪的处理。如公园、广场的交往空间可以通过设置隔音墙，或借助木质座椅和增加绿化的形式来减少噪声的干扰。

3. 触觉感

触觉感也称肤觉感，即皮肤受到外界刺激所做的反应。就人的机体与外界设施的关系而言，皮肤处于肌体的最表层，直接接触外界设施，所以它对设施的感知最为真切。使机体对设施产生触觉感的因素主要有质感、肌理以及尺度等。以街头座椅为例，木质座椅给人的感觉是温暖的，石质和金属座椅给人的感觉则是冰冷的；尺度合理的座椅会使肌肉、皮肤放松产生舒适感，尺度不合理的座椅则会压迫人的皮肤和肌肉，使人感到酸痛。

在人与环境设施的交互过程中，影响设施设计的因素除了上述提出的视觉感、听觉感和触觉感之外还有嗅觉感和味觉感，但由于这两种感受并不直接作用于公共设施的设计中，只有少量的公共艺术设施和绿化设施会考虑嗅觉感和味觉感，所以在此不再赘述。

（二）七"W"设计法

七"W"设计法就是围绕七个含有"W"的英文单词展开的设计，这七个英文单词分别为 What，Who，Where，When，Whole，Why，How。

What：中文意思是"什么"。在环境设施设计中，"What"指要设计什么，即设计的主题和功能定位。这是展开设计的第一步，只有先明确要设计什么，才能依据设计的主题展开研究和探讨。

Who：中文意思是"谁"或"什么人"。在环境设施设计中，"Who"指为谁设计，即设计的人群定位。环境设施虽然是为大众提供服务的设施，但在形态、尺度和色彩方面是有针对性的。

Where：中文意思是"哪里"或"什么地方"。在环境设施设计中，"Where"指在哪里设计，即设计的场所定位。不同场所的环境性质、水土条件、历史文脉都是不同的。公共设施要通过形式、色彩或纹饰来体现所置场所的精神和特征。

When：中文意思是"时间"或"什么时候"。在环境设施设计中，"When"指时间设计，即设计的时间定位。这里的时间是一种广义的时间，即季节和气候条件。不同城市和地区由于所处的地理环境不同，其气候条件也存在着巨大的差异，环境设施的设计要能够与当地的气候条件相结合。

Whole：中文意思是"完整"或"整体"。在环境设施设计中，"Whole"指设计的整体性原则。环境设施设计不是独立的形态设计，而是一种与环境和场所协调的整体性、系统性设计。即环境设施无论是造型、色彩还是材质都要考虑与所置场所环境特点的一致性与协调性，避免因设计原因而造成设施与周围环境格格不入或游离于环境之外的现象。

Why：中文意思是"为什么"。在环境设施设计中，"Why"是针对前期调研资料和主题设想所提出的质疑，以反问的形式来检验前期研究的合理性，即为什么要这么想、这样设计，其依据是什么。当设计人群、场所以及气候条件等分析数据准确无误时即可进行下一步设计。

How：中文意思是"怎么样""如何"。在环境设施设计中，"How"指如何展开设计和怎样设计，即设计的过程控制。

二、环境设施设计的步骤

（一）接受任务，制订计划

1. 制定任务可行性报告

报告应体现委托方的要求、环境特征、设施的设计方向、潜在的市场因素、要实现的目标、项目的前景以及可能达到的市场占有率、政府或企业实施设计方案应具备的心理预期及承受能力等。报告的目的是使设计方对委托的诉求有更深入的了解，以明确自己在实施设计过程中可能出现的问题与状况。

2. 制定项目总体时间表

根据委托方的时间要求，制订时间进程计划，并展示整个设计流程。

（二）场地调研，发现问题

通过场地调查，一方面了解环境设施所设置场地的地形、地貌、交通状况、车流、人流状况以及人群的特点和需求等，做好设计定位；另一方面从不同角度探查已有设施的不足，为后期的改良或创新设计提供依据。

（三）分析问题，提出概念

对收集到的各方面资料进行综合分析判断，以决定设施的性能、材质、尺度、价格以及设计方向等。可以利用问卷调查、走访调查等方法获得研究资料，也可以利用互联网或大数据分析取得资料。在对所收集的资料整理之后，根据委托方、使用者、场所特征以及审美和技术等方面的基本要求，提出各种解决方案，并对各种方案应加以评价且得出结论。研究本设计和其他同类设施的关系、质量特色等要素，订立包括设计、制造、安装在内的计划。对功能和审美上的各种要求，均应尽量找到恰当的解决办法，同时也要将局部解决方法分项列入，组成设计的原则性解决方案。

（四）设计构思，解决问题

从这个阶段开始进入具体设计阶段。通过草图展开构思，构思雏形应包含各种不同的造型和色彩。

（五）设计展开，优化方案

对扩初阶段的设计方案举行设计研讨，聘请相关方面的专家对该方案进行整体评价，并与委托方沟通，从整体到细节、从色彩到材质、从技术到艺术等各个环节进行一一推敲，力求设计方案的尽善尽美。

（六）深入设计，模型制作

这一阶段设计的样式已经确定，主要是进行细节调整，同时要进行技术可行性设计研究。方案通过审查后，要确定该方案的基本结构和主要技术参数。这项工作是由设计师来完成的。

（七）设计制图，编制报告

依据设计方案和模型绘制准确的设施产品结构图，以便于加工制作。设计报告书是由文字、图表、照片、表现图及模型照片等形式所构成的设计过程报告，是交由委托方高层管理者最后决策的重要文件。

报告书的内容包括封面、目录、设计计划进度表、设计调查、分析研究、设计构思、设计展开、方案确定、综合评价等内容。

（八）设计展示，综合评价

对设计的形式以等比例模型并结合报告书的形式向公众展示。展示的内容应包括两大部分：

1. 对设计的综合价值进行展示

（1）新设计构想是否具有独创性？

（2）新设计具有多少价值？

（3）新设计的实施时间、资金和工艺条件是否具备？

（4）新设计是否能进一步优化城市形象？

2. 对设施本身进行评价

（1）技术性能指标的评价；

（2）经济性指标的评价；

（3）美学价值指标的评价；

（4）满足需求等方面指标的评价。

第五节　校园环境设施的信息化设计策略

一、满足基本功能

满足基本的功能性是校园公共环境设施设计的基础要求，为校园师生提供完善的使用功能，是校园公共环境设施能够发挥作用的前提及保障。

首先，要更全面、更准确地满足师生最基本的使用需求。校园公共环境设施要提供完善的功能服务，以适应校园师生日常的活动及需求，所以在信息化发展背景下的校园公共环境设施，更应该注重对设施使用舒适度以及方便度的考虑，从而使校园师生的生活和学习更加便利。具体来说，一方面应当使设施变得更加容易操作和使用，另一方面也要使设施的可识别性更强。

其次，要注重增添情感、趣味等方面的设计。信息化的校园公共环境设施不同于以往的校园设施，设计优良的校园公共环境设施不仅能够促进浓厚学术气氛的形成，还能在适当的时候给校园学习环境增添乐趣，进而提高教师与学生的生活品质与学习效率。

最后，应当注重提高设施的服务功能。校园公共环境设施最重要的是提供有效的公共服务，如校园内的路灯给人们带来明亮、校园导引系统能够指引方向。

二、满足用户目标

目标导向设计是以用户为目标和中心，面向大众的行为而进行的设计方法。它不仅满足人们的各种需求，同时也为人们想达到的目标提供了合理的解决方案。目标导向设计的宗旨是研究、识别、满足用户的目标。针对校园公共环境设施的信息化设计，应该首先了解校园师生的日常生活方式与行为模式，从而使设计出的校园公共环境设施能够在形式和功能上为师生提供服务，使他们更好地投入到学习和生活中去。设计师在为校园师生设计公共环境设施时，很多时候没有充分了解师生的使用需求，没有考虑他们使用设施的动机和目的，这样就会造成目标与功能的缺失。所以，应对校园师生的行为特点进行综合分析，在满足用户目标的基础上设计出符合师生需求的产品。信息化的校园公共环境设施能够与校园师生直接地交流互动，所以在设计上不仅要注重对设施形式与功能的表达，更要始终以人的角度为出发点，满足校园师生的各种活动目标与动机。

三、模块化延伸设计

在校园公共环境设施的信息化设计中，要充分运用模块设计的方法。模块化设计属于绿色设计，它是从产业化角度提出的一种设计和生产模式。模块化设计通过分析产品的功能特点将其分成若干模块，根据不同的性能和需求进行组合和互换，使其制作和装配更易操作，以满足人们更多个性化的需求。更重要的是，它能突破产业化产品千篇一律的弊端，通过不同造型模块之间的组合能得到极具个性化的产品，通过这些变化，既保持形态上的统一性，又能打破单调的氛围。

在对校园公共环境设施进行设计时，可以根据校园内各个区域的使用人数、周围环境特点以及使用方式等因素进行综合考虑，运用不同材料以及多种组合方式，使校园的空间与环境不再是往日单一的面孔，转而以更加灵活多变的面貌出现在师生面前。

第六节　城市 CBD 公共环境设施的可持续性设计

一、树立正确的设计观念

城市建设在不同的年代，就会有不同的要求。比如，在中华人民共和国刚成立时，国家正处在一个需要从战争废墟中快速恢复的特殊时期。所以，那个时候城市建设的主要目的就是用尽可能少的资源，办尽可能多的事。但是，经过改革开放的洗礼，中国已经屹立于世界之林，需要更多的现代化发展和国际化发展。

纵观过去的城市开发，往往只是热衷于高楼大厦等主体建筑的完成，却忽视了那些辅助性的公共设施和周边环境的建设。并且，传统的城市开发都没有一个统一规划的思路，每个建筑工程之间都是相互独立的，这样造成的后果就是，周边环境与建筑风格极不协调并且毫无联系，无法形成一个整体。在这样的历史环境和发展背景下，城市公共环境设施缺乏人们广泛的关注与重视，要想城市公共环境设施设计的发展从根本上得到实现，就要解决与转变这种历史沉淀的观念。也就是说，要通过宣传教育等方式，从根本上转变设计者、政府以及居民们对 CBD 城市公共环境设施设计的观念，这样才能促进城市 CBD 公共环境设施的可持续发展。

二、使用绿色材料

材料是构成所有事物的基本元素，没有材料就好比"巧妇难为无米之炊"。在当今这样一个科技日新月异的时代更是如此，材料的选择对于事物的性能至关重要。实现城市 CBD 公共环境设施的可持续设计，就要积极使用绿色材料。具体来说，要做到以下几点：

（1）使用能够回收再利用的材料；

（2）开发无污染的新能源，如风能、太阳能等；

（3）研究更加环保的材料。

三、建立科学的社会公共建设体制

首先，借助政府的力量对城市景观进行综合规划和设计。可以采用民意调查的方式，通过调查了解市民的看法和观点，深入分析城市的文化气质和历史背景。综合考虑，从而制定出城市商业中心区域的设计理念以及基本规划。其中，包括制定城市建筑的风格、景观的选取、整体的布局以及在建成之后对于这些商业中心景观的维护和管理措施等。通过对 CBD 城市公共设施的管理与区域景观管理的融合，使城市 CBD 各个元素的设计在一个总体理念下进行，同时也使得城市 CBD 公共环境设施的设计与管理是在不断变化的城市景观下，实现的可持续发展。

其次，要激发市民的参与热情，因为城市公共环境设施的最终使用者和评判者是市民，如果加入了他们自己的需求，必然更能得到他们的认可。发达国家在这方面就做得很好，如日本。他们在项目开始之前，就会通过宣传的方式收集并征求市民的观点，通过集思广益，让市民自发参与到公共环境设施的设计与管理中。因此，鼓励和培养市民参与政府公共决策是一项具有重大意义的举措。城市 CBD 作为新兴建设的城市区域，对于区域内部的城市公共环境设施，在设计初期就要充分考虑市民的需求与喜好。同时，鉴于新兴建设的城市中心区域本身就较容易出现一系列新的问题，所以 CBD 区域的城市公共环境设施的可持续设计，应更多注重市民们的实践参与，从而体现城市公共环境设施设计的人性化。

第十一章　儿童环境设计创新应用研究

随着我国经济社会的发展及人口出生率的降低，对儿童成长环境的关注度空前提高，儿童公共活动空间也更加受到社会各界的重视。与此同时，新的经济形态正在催化新的儿童公共活动空间设计。本章对儿童环境设计创新应用进行研究。

第一节　儿童环境设计概述

一、儿童环境设计的概念

人类长期与其环境处在不自觉的关系中，但对教育环境古代教育家就有所察觉，这是因为教育本身就是人类自觉的产物。中国现代学前教育先驱陈鹤琴先生认为，环境是"儿童所接触的，能给他以刺激的一切物质"①。美国哈佛大学的心理学家怀特说："在促进幼儿早期教育方面，最有效的做法是创造良好的环境。"②

（一）教育环境

法国启蒙学派前看的教育学家多数认为：决定儿童身心发展的基本要素是遗传、教育和环境。这里把教育从环境中提出来意在突出教育的重要性。广义地理解，环境是指个体生活的所有外部条件的总和，包括自然环境和人工环境。深刻理解环境需要：第一，把教育本身视为首要的环境；第二，把活生生的社会视为最重要的环境。遗传、教育和环境相互间的复杂关系，为所有思想家、科学家、教育家所关注，也是人类最基本而永远的课题。

---

① 唐安奎，颜雪艺. 学前教育学［M］. 成都：西南交通大学出版社，2012.
② 柳阳辉. 学前教育学［M］. 郑州：郑州大学出版社，2012.

该书涉及的儿童环境，指的是儿童教育环境，包括家庭环境，如儿童房间；也包括公共环境，如室外儿童乐园、儿童体验馆、儿童主题馆等。

儿童环境，不是一种自然而发或随意设置的环境，而是教育者根据一定的目标，着眼于儿童身心发展的需要而精心创设的"适宜"的教育条件，物理世界本身不会自动地成为儿童教育环境。当存在进入人的活动视野，作为认知对象并被作为材料，被艺术地加工，成为儿童喜闻乐见的专用场所、设施、音像作品甚至是玩具，这才是儿童教育环境。大自然本身无所谓教育与非教育，但儿童相关的环境世界是人工的，是专门为儿童设置的，具有教育意义。

儿童环境建设有赖于环境中各个要素是否具有教育价值，是否有益于儿童在"参与做"的过程中的身心发育。环境的创设与布置不是随意来一点装饰品，也不仅仅是硬件设备的堆砌，而是教育者、保育者与儿童相互依赖、相互包容、相互影响的过程。

儿童环境的构成，从物质的形态上讲，可以分为物化环境和非物化环境，即物质环境和心理（精神）环境，或有形环境和无形环境；从环境的组成上讲，可以分为人的环境和物的环境；从组成的性质上讲，可以分为硬环境和软环境，硬环境主要是指构成环境的物的成分，而软环境主要是指环境中包括人以及由于人的因素所形成的气氛或氛围；从活动的区域上讲，可以分为室内环境和户外环境。

儿童物质环境，包括人为的和非人为的各种场所材料。认知离不开操作时儿童生长发育的基本特征，因为儿童的认知活动是主要依靠感觉、表象和动作进行的。儿童主要运用"触摸""看"和"听"来认识环境，因此，物质环境永远是先觉性的载体。心理环境，主要指人际关系以及一定的风气、气氛或氛围。心理环境对应于儿童的感受、体验等情绪性方面，对儿童的品德形成和行为模式起着暗示、激励的作用。虽然心理环境是无形的，但却直接影响着儿童的情感、交往行为和个性的发展。

物质环境和心理环境并不是孤立地对儿童起作用的。首先物质环境是人工的，本身就有多种含义，而心理环境必定要通过人与物来体现，不可能是独立的；其次，物质环境与心理环境有着密切的相互依赖关系。物质环境需要通过心理环境才能发挥作用，而心理环境又必须有物质环境的基础才能体现出来。因此，物质环境和心理环境两者之间的关系是相互作用、相互制约、相互影响的。

（二）儿童环境的基本构成

儿童房间环境相对简单，主要由家具、地板、玩具等部分组成；室外儿童乐园环境由园门、围墙、户外环境活动室内外空间等部分组成；儿童体验馆、儿童主题馆环境由围墙、走廊、楼梯空间、活动室内外空间等部分组成。

儿童空间环境与墙面、墙饰布置等息息相关，是儿童环境的不同侧面，它们构成儿童活动空间的重要方面。比如家具、设备和器材的造型和配置，是内外活动场地的分隔组合以及利用，包括那些由艺术饰品布置起来的环境空间的质量。

从更广泛的视角上来看，儿童空间环境的创设，更涉及建筑特点、绿化情况、人文环境等方面的问题，也是良好的环境所必需的生态环境的物质基础。

重视儿童空间环境建设是对儿童工作者的一致要求。从功能上看，不仅是为了满足儿童生活和游戏的需要，也是为了满足儿童教育、儿童身心发展和审美的需要。

二、儿童环境创设的原则

儿童身心发展具有一定的顺序性和阶段性，并且具有极大的可塑性。因此，在创设儿童空间环境时要充分考虑儿童的年龄特点，遵循儿童身心的发展和健康成长的规律，充分尊重儿童的独立人格。

（一）童趣性原则

儿童环境是为儿童创设的。儿童是主体，因此儿童环境应是儿童喜爱的，符合他们心理的需要，能满足他们活动所需要的环境。

遵循童趣性原则，在创设儿童空间环境时应尽力突出设计方案的童趣化。例如，与简单呆板的房屋相比，花园式、积木式、城堡式等这些孩子们所熟知的童话故事中的建筑造型设计，对儿童更有吸引力，因而也成为儿童空间设计方案的首选。戏水池、沙池、大型游乐玩具区等孩子们爱去的地方，自然成为儿童空间环境设施内不可缺少的部分。还有儿童桌椅床柜等家具的儿童化尺寸、充满童真的颜色以及温馨怡然的室内装修色调等环境设计，都体现出儿童的审美特点和需求。

（二）启发性原则

一个有启发性和支持性的环境始终能吸引着儿童，激发孩子的构思、想象和创造，从而使儿童成长为环境的主人。从当代伟大教育家蒙台梭利的"有准备的环境"到当今提倡的"情境教学"都强调这一要素。由于理解能力的限制，儿童往往缺乏对事物的综合分析和推理能力，因此，对他们不能进行空洞抽象的口号宣传、理论教育，而是必须运用具体事物，配合运用启发性原则，使他们在看、听、摸、做的过程中建构知识，形成某些观念。

（三）参与性原则

参与性原则强调创设环境与儿童发展的互动关系。儿童环境的空间、设施、活动材料和常规要求等，应有利于引发、支持儿童的游戏和各种探索活动，使儿童与周围环境之间产生积极的相互作用。创设的环境既要激发儿童的好奇心、求知欲，同时更应让儿童能够方便、积极、主动地进入环境，使儿童成为环境创设和制作的一员。

（四）艺术性原则

艺术性的空间环境，应该在色彩和造型上符合儿童的审美特点，给儿童以美的视觉享受。儿童喜爱明快的色彩对比，活泼好动的儿童从中可以感受到色彩变化的节奏和共振。同时，圆浑、敦实、稚拙、简洁的形象最能吸引儿童，因为尚未完全走出视觉模糊阶段的儿童，对圆浑的造型能充分地感知。

第二节　儿童环境设计要点

一、儿童环境创设的基本要求

儿童空间环境创设，不仅要满足儿童对环境的各种要求，注重环境的外观造型和表面特点，而且还要注意环境的整体结构和功能。除了考虑教育功能外，还要注意艺术要求和技术操作适应性。

（一）舒适度要求

儿童环境创设首先要有一个舒适的环境。只有在舒适的环境里，儿童活动的积极性和活动的效果才会达到理想的状态。儿童只有在最舒适的环境中，才能获得最大的舒适感、快感。人体会环境的舒适度要求包括空气、采光、温度、声音及色彩等方面。

空气清新是儿童身心发展的保障，净化空气是空间环境创设的一项基本内容。注意保持室内空气流通，室外种植足够的花草树木，并达到一定的指标。

儿童生活用房的采光要求：应选择在日照方位的房间。在冬日，阳光能够照满整个窗台，日照不少于 3 个小时。

儿童活动房间的温度要求：室内环境温度宜在 20 摄氏度左右。当温度在

27~32 摄氏度之间时，会使儿童加速疲劳；当温度超过 32 摄氏度时，会使儿童注意力分散，极易引发高温疲劳；当温度低于舒适水平时，也会给儿童带来不利影响。

保持环境安静是对儿童声音环境的基本要求。一般来说，儿童环境室内噪声要求应不大于 50 分贝。悦耳的音乐有助于儿童的身心健康，符合舒适度要求的音乐是：适合儿童年龄特征，符合儿童活动特点，音量适中。

儿童空间设计舒适度对色彩的要求：清新明快、鲜艳不失雅致。因此，需注意色与光的协调、控制好色彩、注意与背景色的协调、使用儿童喜欢的颜色。

（二）适宜度要求

适宜度要求是指儿童空间环境的创设，应适合儿童生理和心理的特点。

首先，儿童的人体尺度是确定环境设施和环境景观的重要依据之一。尺寸的大小长短不仅影响设施和景观的外形，而且对儿童的活动也至关重要。

其次，儿童空间环境创设要考虑到儿童视觉器官的特点。儿童的视野要小于成人，其头部转动的角度与视野范围的角度大致相同。儿童头部转动的适宜度范围是左右 45 度，上下 30 度之间。因此儿童空间环境的创设要从儿童的生理特征出发进行设计和布置，例如墙饰的高度要以儿童的视觉为中心。

除此之外，对儿童肢体运动的适宜度也有要求。由于儿童正值生长发育期，骨骼肌肉的发育还未完全，错误的身体姿势、过度的活动和疲劳都会给儿童的身体造成不良的影响。儿童适宜的肢体运动要求是：①活动时有舒展的姿势；②动作简单而有节奏，上下两个动作自然连贯；③经过一段时间的活动后不易引发疲劳；④活动效率高。因此。在进行空间环境布局时，要把儿童身体活动的姿势纳入设计考虑范围之内，以采取与其相应的环境安排策略。

（三）和谐要求

儿童空间环境的创设从形式上看，是创造一个美的环境。环境美包括自然景物美、建筑美、园林美、雕塑美、工艺美，但美化环境并非这些要素的机械相加，而要各种要素有机统一起来。它着重协调环境与人之间、环境诸要素之间、各要素内部组成部分之间的关系，以寻求环境的整体审美效果。

二、儿童家具设计要点

儿童家具很明显是给儿童使用的，其尺寸、色彩、功能以及造型和装饰，还有儿童房室内配套的各种家具都必须以儿童生理与心理需求以及儿童的年龄段为依据，同时，家具也应适应我国人民大众住宅的建筑室内空间，从而通过家具的优化而带来儿童居室空间的变化，为孩子们创造一个完美和综合性的多功能房间。

儿童家具会随着社会的发展和科学技术的进步以及生活方式的变化而不断地变化发展，同时也是家具业逐渐发展起来的新门类。近几年来，布置儿童房间的重点已经从原来的功能组合和产品质量等方面的考虑，逐步转向儿童房间对孩子心理方面的影响，比如明亮的色彩会引发儿童心境的开朗，启发对色彩的创造力和联想力，益智性的家具会开发儿童的智力和动手能力，以及室内摆设对儿童活动范围的影响等等。

（一）儿童家具设计中人机工程学的应用

在儿童家具设计的过程中，人机工程学是验证家具设计的舒适性、合理性、方便性及功能性最直接的理论基础。虽然设计中考虑的因素有很多，比如人、社会、环境、材料、技术等，但作为最后验证的理论指导，人机工程学有其独特的重要性。在进行设计时，选定儿童这个消费群体和其所成长的环境之后，在人机工程学的指导下进行人与物、人与环境的分析，从而初步确定设计的定位。在设计的过程中，人机工程学对家具设计的各个因素都有一定的指导和制约作用，在各个因素的确定中，根据人机工程学提供的各项指标和数据做出设计，但不能生搬硬套地借用人机工程学提供的数据以及各种参数。设计的家具因人而异，我们可以依据人机工程学作为指导，在前辈们精心总结的数据基础上，灵活运用到现实设计中。因为人机关系本身也是包含多方面、多层次的内容的，从流通过程来考虑，我们还要考虑运输、销售、使用、维修、回收等过程中可能发生的各种人机关系。

家具作为一种生活用品，与艺术品的最大不同是应当具备实用功能，没有功能就无从谈及家具。如床必须有可卧的平面，柜子用于存放物品，椅子必须具有坐面并且可倚等。从某种意义上来讲，设计家具就是设计生活，是设计一种生活方式。因此说，在家具设计中成功的功能设计需要对人类行为与家具的使用特性做科学地分析，以人的整个生理与心理为目的进行动态研究。应当成为家具设计的指针。只有在生理和心理上都能满足人们功能需求的家具设计才是真正好的设计。

（二）儿童家具的安全性

儿童家具要考虑款式，更要注重安全性。孩子活泼好动，家具棱角之处要处理圆滑，固定家具用的铆钉等不要外漏，或镶以橡胶条等柔软之物，以防孩子在玩耍中碰伤。床也应安装护栏板。儿童家具应该重心稳固，以防被踩翻或扳倒，造成意外伤害。

儿童家具的材料和涂料安全性也不容忽视。家具基材应以天然实木为主，尽量少用人造板，因为人造板胶粘剂中含有游离甲醛等有害物，有害气体释放期长达数年。家具表面涂饰尽量选用无毒、或少含有机溶剂的低毒涂料。

（三）儿童家具色彩设计

儿童家具色彩宜明快、亮丽、鲜明，以偏浅色调为佳，尽量不取深色。采用这些颜色对培养儿童乐观进取、奋发的心理素质，培养坦诚、纯洁、活泼的性格有益。而橙色、黄色能给孩子带来快乐与和谐，更显活泼多彩，符合幻想中斑斓瑰丽的童话世界。

三、儿童居室陈设设计

儿童房陈设包括工艺品、挂画、窗帘等。居室陈设要兼顾观赏性与实用性两方面，同时必须考虑小主人的个性、喜好。由于儿童的审美情趣与成人有极大不同，居室陈设设计时应了解儿童的喜好与需求，并让孩子共同参与设计和布置自己的房间。

儿童房工艺品如台灯、闹钟、笔筒等，要造型简洁、颜色鲜艳，同时要安全耐用。生活用具避免采用易碎之物。陈设品要尽量突出知识性、艺术性和儿童的个性、特点，如地球仪、绒制动物、动植物标本、泥娃娃等；也可以选择一些富有创意和教育意义的多功能产品，如地图、名人画像、卡通画或孩子自己的手工作品等。

儿童居室陈设布置合理，可使房间整洁、美观、富有生气，也对孩子的成长起到潜移默化的教育和益智作用。陈设品的摆放要符合美学规律，力求整齐、和谐，使儿童养成干净、整洁、积极向上的好习惯。

第三节　新医学模式下的儿童医疗环境设计

一、新医学模式概述

为了理解疾病的决定因素并达到合理的治疗和预防，新医学模式即"生物—心理—社会"医学模式必须考虑到病人环境及社会。世界卫生组织关于健康的概念特别强调在身体上、心理上和社会上的完满状态。这一观念包含了生物、心理和社会因素与人体健康的内在关联性。因此"生物—心理—社会"医学模式的产生是现代医学发展的必然结果，并已成为当代医学发展的一个趋向。

在新医学模式的发展过程中，一些新兴的学科迅速发展。在医学心理学及其分支和相关学科方面，如行为医学、临床心理学、心理治疗医学、脑（神经）科学、行为药理—毒理学等；与社会人文科学相关学科，如社会医学、医学社会学、医学人类学、跨文化精神病学、医学伦理学、医学哲学、文化流行病学、医学人口学等；与性和生育相关的科学如性学、男性学、生育健康学等；提供新服务模式的如康复医学、全科（通科）医学、家庭医学、社区医学、灾难医学等；环境生态相关学科，如医学生态学、地理医学、医学气象学、空间医学等。昆明医学院第一附属医院赵旭东教授说："新医学模式是对生物医学模式的超越，但不是取代和否定现有的医学体系。它只是要丰富、扩展以往的服务内容和方式"。

生理—心理—社会因素内在关联性新医学模式是在原来单一的"生物医学"医学模式的基础上发展起来的。它是"以人为本"这一指导思想的具体体现，包括三个方面的内容：首先，生物医学观仍然是核心，因为医疗的重点在于"治病"，关键在于"医"，没有科学的医疗方法和态度，就失去了医疗的意义。其次，心理和社会是人在生存过程中必须面对的两个方面，心理是人的内在因素，它和人的情感、素质、知识层次都有密切的联系，人的心理承受能力是各自不同的；社会是人面对的外在因素，它和人的工作生活环境、社会关系及社会阶层有关，人的社会经历和遭遇也各不相同。生理、心理和社会是同时作用于人的身体的，所以身体疾病有单纯器质性的，也有在综合复杂的内、外因作用下表现为器质性疾病的。

重视心理社会因素的医疗作用随着新医学模式与医疗环境的设计逐渐结合，人们意识到为患者创造良好的心理治疗环境的重要性，医疗环境的设计不仅从生理角度，要求功能合理、技术先进，并且注意了将病人心理需求体现于环境设计之中。据有关研究表明，当人长期处于压抑的社会气氛中时，会有抑郁心理产生，身体随之衰弱，抵抗力下降，导致疾病缠身。良好的社会环境会调解患者的情绪，帮助患者康复。因此重视心理和社会因素是对生物医学的促进，对症下药可以增强生物医学的治疗效果，反之就会妨碍治疗。

二、新医学模式下的儿童医疗环境设计策略

（一）整合医疗环境内的多种功能

新医学模式指导下的儿童医疗过程涉及社会学、心理学、医学、行为学、儿童学等综合学科，是非常复杂的过程。要使儿童患者接受最有效的医疗服务，必须整合医疗环境中的复杂的功能。功能整合是指在设计儿童医疗环境内部承载基本功能的空间时，内部功能之间或与其他相关功能通过复合的手法，丰富空间环境，达到优化空间功能的目的。

1. 内部功能空间整合

（1）医疗空间相互整合。医疗空间主要包括门诊、医技、护理单元及其内部的公共空间，这几部分相互之间分别有不同的联系。儿童患者行动比较缓慢，而且家长带领儿童行动非常不方便，为了节省患者及其家属的时间和精力，儿童医疗环境需要通过整合内部的空间，优化空间结构，提高医疗服务效率。

灵活分割护理单元。护理单元是有一套配套完整的人员，包括医生、护士、工人等，若干病人床位，相关诊疗以及配套的医疗、生活、管理、交通等组成的基本护理单位，具有使用上的独立性。儿童医疗环境中的护理单元需要根据儿童的特殊需要灵活划分。

（2）强化预防保健功能。儿童医疗环境的一项功能就是对儿童的健康进行预防保健，并且随着医疗模式的变化，这一功能发挥越来越大的作用，在儿童医疗环境中与其他功能结合得越来越紧密。保健部分的主要功能包括儿童的常规体检和定期接种疫苗。

独立式的一般为规模较大的儿童保健部门往往设在儿童专科医院或妇幼保健院，这种类型的保健部门接待的患者较多，有多为健康人群，所以一般有独立的对外出口，设置在建筑物的尽端，有和医疗空间的患者分开的垂直交通空间。例如，长兴妇幼保健院建筑底层设置面向全社会开放的儿童保健独立入口，直接通向儿童保健中心，形成独立的区域，避免了保健区人员与其他部分的人流混杂。

另一种为结合式的方式，保健科这种形式比较多见，在一般的综合性医院和社区医院内设置，规模较小，只有一定的疫苗接种和健康咨询的功能，尽量设在医疗建筑的尽端，与传染性的很弱的科室临近。

2. 相关学科功能整合

与相关的学科在功能上整合，是指设计儿童医疗环境的时候，把功能相近

的不同类型的儿童医疗空间整合，最大效率地利用儿童医疗环境内的资源。新医学模式在重视患者生理疾病的同时增加了对患者心理以及社会环境对患者医疗行为的影响的关注度，在新医学模式的影响下，儿童医疗环境的范围有所扩大，不仅仅包括基本的医疗机构，也包括相关的社会机构。这些机构的功能都是帮助儿童保持健康的状态，所以这些机构通过与儿童医疗机构在资源上的复合，达到了空间整合化，资源最大化的目的。

（1）与妇产科整合。与儿童医疗环境性质最接近的医疗环境是妇产科，在妇产科出生的新生儿属于婴儿范围，有一部分新生儿需要一定的治疗或检查，需要在利用儿童医疗环境中的医疗资源。通过资源整合，使医疗环境的医疗服务更加全面，可以提高使用效率，形成规模效应，达到妇婴医院功能和儿童医院功能两大板块的资源共享，从而减少投入，形成良好的社会效益。

（2）与科研机构整合。医学是一门重视试验的科学，尤其是临床和科研的联系非常密切，所以儿童医疗机构经常和儿童健康研究机构整合，利用相互的优势资源，强化科研的时效性。

（3）与社会资源整合。儿童医疗环境经常与社会上的儿童福利机构相整合。因为儿童对于环境的使用大多具有共性，社会给儿童提供很多服务，目前一些医疗环境在保证控制传染的情况下，与其他儿童环境的有越来越多的联系。患病中的儿童也需要学习，娱乐，成长，他们需要阳光、色彩和欢乐这些都与在幼儿园或学校接近，在适当的范围内让儿童医疗环境与这些环境复合，可以利用宝贵的社会资源。

（二）满足儿童医疗环境的舒适性

儿童患者并不能完全理解医疗行为的目的和意义，他们对于儿童医疗环境的认识都是直观的观察和接触层面的，医疗环境的舒适性是他们评价环境优劣的最重要方面。新医学模式要求高水平的儿童医疗环境设计，应该针对儿童的心理活动，从儿童患者的角度出发，营造满足儿童要求的高舒适性医疗环境，达到提高医疗质量的目的。

1. 温馨的视觉环境

（1）建筑材料。建筑环境的物质性表现在不同的材料构成上，而不同的材料质地与肌理对人的感情影响很大，建筑环境设计常常利用质感给人以更强烈的感受。在儿童医疗环境营造中，材料的构成是建筑师必不可少的考虑因素，也是建筑师创造新的意念和灵感的手段。

儿童医疗环境的建筑材料选择首要考虑的因素是安全环保。儿童的抵御污染的能力较差，尤其是患病中的儿童，污染严重的建筑材料必然对他们造成很大伤害；儿童认知陌生环境时，有摔伤、碰伤的危险，设计时应该考虑运用质地较软的材料；另外，儿童通过触觉、嗅觉认知环境时，有时会用手抠掉墙上或家具上的材料也有可能入口，这些都是十分危险的。所以无论是室内外，都要尽量避免质地坚硬的材料形成尖角对儿童造成潜在的威胁；无论何种建筑材料都要首先符合相应的安全标准。

（2）环境色彩。色彩是儿童对空间环境认识的第一反应，利用色彩的力量对病人进行辅助治疗，是现代儿童健康医学的一个重要的方面。

婴孩的眼睛发育尚未成熟，只能看到鲜艳的色彩，对白、黄、粉红、红等颜色有反应，而对黑、绿、蓝、紫等颜色反应不大。当逐渐长大进入童年时，原先对黄色的兴趣逐渐被红、蓝色所取代，同时开始能够接受绿色和紫色。经心理学家研究，浅蓝、嫩黄、黄绿及橙色环境对儿童的心理有着好的作用，这种环境中，儿童会产生平和与友善的心境，不会引起焦躁和攀爬。

2. 家庭化的成长空间

儿童每天都在成长和变化，喜欢在游戏中学习和生活，处在医疗环境中的儿童也不例外，他们会通过认识医疗环境积累生活常识。因此在儿童医疗环境设计中必须注重强化儿童就诊空间以及病房的环境设计特色，营造家庭化的环境，淡化就医对儿童成长发育造成的影响，这样更有利于儿童的健康成长。另外，患病儿童入院治疗时通常会有很多家人陪同，这也有利于我们在儿童医疗环境设计中营造适于儿童成长的空间。

第四节　基于体验式的儿童公共活动空间环境设计

一、体验设计

体验设计所偏向的是产品被人操作、触摸等使用过程或是在不同的环境下使用所给人心理上带来的一种愉悦、满足、新鲜感。而这种脱离了传统造型设计的体验的心理感觉，不但使产品的设计脱离了以往的不确定性，而且使这种新的设计方式乐意为消费者接受。感性的东西一般是不可控也是不可预见的，而体验设计就把其产品设计的中心放在了心理上。在消费者去认真使用一个产品后，通过他在心理上的满足感觉，来使得他去接受或者购买这个产品，这样就使得产品有了一定程度上的可控制性。

体验是通过人的眼、耳、鼻、舌、身等感官对人或物或事情进行感受，是用自己的生命来验证事实，感悟生命，留下印象。体验到的东西使得我们获得真实感和现实感，并在大脑记忆中留下深刻印象，使我们可以随时回想起曾经亲身感受过的生命历程。

二、"体验式"儿童公共活动空间设计的注意事项

爱玩耍是儿童们的天性，"体验式"儿童公共活动空间设计中不能忽略或轻视给孩子们提供一个玩耍空间的意义。玩耍能提高孩子们的免疫系统、增加他们的体育活动、激发他们的想象力和创造力等等，因为当孩子玩耍的时候，他们会用调动所有的感官来保持一个兴奋的体验状态，使自己处于一个具有活力的情境中、玩耍的其他好处还包括培养批判性思维和解决问题的技巧，培养尊重自然和其他生物的理念等。在这方面，心理学家已经进行了大量的研究来证明这些观点。在本章的最后，我们将讨论为孩子们设计一个"体验式"儿童公共活动空间时需要注意的几个问题。

（一）注意色彩的巧妙搭配与合理运用

色彩心理学家认为，不同颜色对人的情绪和心理的影响是有差别的。悦目明朗的色彩通过视神经传递到大脑神经细胞，从而有利于促进人的智力发育。若常处于让人心情压抑的色彩环境中，则会影响大脑神经细胞的发育，从而使智力下降。儿童公共活动体验空间在设计上宜选择明快清新的颜色，通过色彩去吸引儿童从而激发孩子们体验的欲望。

（1）儿童公共活动空间环境设计中，处于中心位置的区域在色彩和空间搭配上最好以明亮、轻松为选择的方向，不妨多点对比色的交叉运用。在儿童公共活动中心休憩和学习空间的墙壁处理上，不应布置得太花哨，否则会造成孩子内心烦躁，引发情绪的不稳定。

（2）对于性格软弱过于内向的孩子，宜采用对比强烈的颜色，刺激神经的发育。而对于性格太急躁的儿童，淡雅的颜色，则有助于塑造健康的心态。因此，儿童公共活动空间环境设计中如何把握这些是一个难题，需要针对具体情况做出慎重选择。另外，在装饰墙面时，切忌用那些狰狞怪诞的形象和阴暗的色调，因为这些饰物会使幼小的孩子产生可怕的联想，不利于身心发育。

（二）体现设计的安全性

安全性设计应当体现在儿童公共活动空间的诸多方面，例如游乐场的表面应该是安全的，铺路材料必须精心选择。为了让孩子们玩得尽兴、没有跌倒受伤的恐慌，设计师应该要考虑他们为游乐区使用的铺路材料。一般来说，采用混凝土和沥青表面是不可取的，因为它们没有减震缓冲的特质。草皮也不是一

个好方法，因为它们的减震缓冲功能太小。安全的表面应是减震缓冲的橡胶路面，便于安装、持久性强且价格合理。触觉性的铺装材料不应该被忽视。它也是一种安全路面，因为它可用于人行道、阶梯和火车站平台来帮助盲人或是视觉障碍的行人。鹅卵石不是一个很好的选择，因为孩子们很容易拿起石头玩耍，试着吞下或是做其他伤害性的事情。

第十二章 环境照明设计创新应用研究

环境照明设计的应用越来越广泛。本章主要讲述了环境照明设计的依据及设计原则、照明设计基础、设计基本原理与程序、城市夜景照明光污染问题及设计对策、基于空间意向的建筑化室内光环境设计等内容。

第一节 环境照明设计概述

一、环境照明设计的依据

环境是人类生活直接依赖的物质载体，与人的各种行为、生活的具体需要密不可分。环境照明设计作为环境研究的一个分支，其设计理念、设计目标与设计手段的进步与环境总体发展必须同步前进。环境照明设计作为创造人类理想生活的重要载体之一，正从环境行为学、人体工程学、社会学、经济学、工程技术、美学、管理学、心理学、机械学、市场学等学科中汲取养分，充分提高光的使用效能，为使用者提供方便、安全、舒适、高效率的生活方式。

与此同时，环境照明设计作为体现科技发展水平的最佳载体之一，反映了人类文化发展中科学与技术的发展成就。现代环境照明设计极其依赖结构学、材料学、工艺学、物理学，也越来越多地借助于电子技术、网络通信技术，使得环境照明系统从结构、表皮、形态上的运用包含科技的成就。卓越的设计创作离不开科技的支撑，科技也成为创作设计的重要手段与载体。环境照明功能满足商业价值、装饰美感、符号象征、情感体验等内容，在科学技术这个成熟的发展体系内得到满足与拓展。

（一）人的尺度

人处在不同的空间中，人的心理感受因尺度而异。文艺复兴时期以人的身体为标准，观者处于平等与自由的位置；近现代时期的城市建造则以机器的尺度为标准，观者似乎变成庞大机器的一颗螺母，紧张而忙碌地运转着。工业化时代的巨大尺度与规模化生产将人们打入水泥的森林，最终还是回归到以人为本的发展道路上：以人的尺度建造城市环境，这一点显然已成为环境设计、建筑设计等一切设计活动的根本依据。

（二）人的感受

人的心理与生理感受成为环境照明设计的重要设计依据。人通过各种感受器官接受外界刺激，对外在环境产生丰富的感知，感知的综合效应就形成了人的心理体验过程。视觉、听觉、嗅觉、味觉、触觉构成了人的五大基本感知体验。经研究发现，人对外界信息的获取，80%以上依赖视觉。各种形状、光影、色彩信息共同组成了视觉刺激，这些信息给人的心理既带来正面的影响也带来负面的影响。这些视觉刺激有时作用于人的心理；有时作用于人的生理。

设计应尽量避免引起生理上的不舒适感，偶尔会在利用生理可接受范围内的不舒适感，制造一种新的体验过程。另外，人的视觉有相当的敏锐度能辨别细微的差异，照明设计侧重于研究人的视觉体验，特别要关注那些使人产生错觉的独特性，在环境照明设计中我们可以对这些独特性加以利用，创造出具有视觉冲击力的光效，给人们带来新的视觉体验。

（三）技术、法规、标准、施工期限

环境照明设计对技术十分依赖。从古至今，人类科学技术飞速发展，环境照明设计均有技术的支撑与推动，可以说，技术因素是照明设计得以物化的基础，是创造惊人光效的物质手段。

国家对照明系统建立了一系列的法规与标准，最初源于对使用者的安全问题以及生活品质考虑而设立，因此国内外关于用电安全的法规与标准已较为成熟，而基于节约能源的法规与标准还处在建设与摸索过程中。众所周知，照明是建筑的第二大能耗项目，除了自身消耗的电能外，照明灯具产生的热量又是建筑第一大能耗项目"采暖、空调"的主要热源之一。显然，照明节能是建筑节能的重要组成部分。

进行一项照明设计工程，业主或设计方必定与施工方签订施工合同，合同中对施工期限有严格的限定。明确施工期限，有助于确保投资方与建设方的经济利益，并且直接反映实施的规范程度，保证实施效率。

二、环境照明设计的原则

环境照明设计应遵循三大原则：整体性原则、需求满足原则以及可持续发展原则。

（一）整体性原则

环境照明设计所遵循的整体性原则，主要包括两个方面：第一，是指在环境照明设计的全过程中应协调照明系统与人的关系，以及照明与其他设计要素之间的关系；第二，是指照明设计之始，设计者已制定本设计项目的整体性原则，其照明功能的分级、资金的投入、耗能的预估、灯具的风格等一系列定位，均是在整体性原则下铺展开来的。整体性原则是否能如实贯彻，将决定最终照明设计的优劣。

（二）需求满足原则

从人的角度来认识需求满足原则，一方面满足人的认知需求，另一方面满足人的审美需求，这两方面的需求实质上构成了整个照明设计项目的终极设计目标。

认知需求：环境照明提供优良的照度，以满足使用者从环境中迅速获取大量信息的需要，帮助空间行使特定的使用功能。

审美需求：一个良好的照明环境，不仅为使用者提供良好的物质环境，也能全方位地唤起人的审美感受。人在感受其光效带来的愉悦感的同时，产生综合性的情感体验过程。

（三）可持续发展原则

从设计者的角度认识可持续发展原则，实质上此原则是以环境的整体和谐为目标，将第一自然环境与人类创造的第二自然环境的发展结合起来，以生态保护、合理分配资源为核心，创造可持久生存的环境。环境照明设计活动的开展，正是在遵循此原则下展开：

（1）设计师应考虑充分利用太阳光，提供有利于天然采光的建筑条件和有利于照明的室内环境。

（2）设计师应提供经济技术指标良好的照明节能方案。

（3）设计师应提供有利于节能的照明控制方案。

第二节 照明设计基础

一、视觉、视觉环境与视知觉

(一) 视觉体验的过程和特点

若从生理学的角度，分析人的视觉体验过程，不免有些晦涩与难以理解，但是从体验拍照过程的角度理解眼睛的结构便容易许多。

事实上，眼睛观看的过程与相机拍照的过程近似。瞳孔具有类似光圈的作用，在虹膜的控制下根据光线的强弱放大或缩小；晶状体的作用如同相机的镜头，物体反射或辐射的光线穿过晶状体变成上下颠倒的图像投射在视网膜上；视网膜像胶片一样接收投射进来的图像。至此，观看的过程与拍照的原理一样，但是观看的过程还在继续。汇集在视网膜上的图像经过视神经传递到大脑，由大脑对接收的视觉信息进行分析和译码，当我们得出"看到什么"的结论时，视觉体验的过程才完全结束。

实质上，眼睛只是人们收集视觉信息的工具，而客观环境与"看到什么"的结论存在差异，因为在视觉体验的过程中，个人对视觉的理解与分析才是眼睛"看到什么"的结论决定性因素，从这个层面上理解"情人眼里出西施"也是同样的道理。

(二) 视觉环境

大家都有过类似的视觉体验：白天，从户外进入伸手不见五指的影院内，一开始感觉自己像失明了，过了一段时间，才能逐渐适应。晚上，路灯光线昏黄，远远看见一只黄色的猫停在路中间，走近一看，却发现这是一只白猫。

我们常常依据光环境的亮度、色彩和对比度来判断视觉环境的特征。由此可见，没有光线或光线太暗时，我们无法准确判断周围环境的特征。

在全光谱的照明条件下，人眼对物体的色彩的判断最准确。在同样的光照条件下，影响人眼对环境中亮度的感知的因素来自两方面，一方面受到颜色物理亮度的影响；另一方面则受到物体与环境之间对比关系的影响。物体表面的光滑程度、材料的质感和色彩属性等因素直接影响人眼对物体亮度的判断。

另外，由于受到视野中的环境亮度和物体亮度之间对比度影响，眼睛对亮度的感知有所不同。理论上而言，当环境亮度保持在 100 坎德拉每平方米，物体亮度与环境亮度的比值在 3 : 1，人眼的感受性最高。

当环境亮度逐渐升高时，即便物体亮度和环境亮度的比值在 3 : 1，眼睛的感受性的下降趋势迅速；如果环境亮度逐渐下降，物体亮度和环境亮度的比值仍是 3 : 1，眼睛的感受性下降趋势缓慢。人眼对明暗的适应性不同，做出的判断也不同。

（三）视知觉

但凡接触过艺术或设计的人们，都对法国艺术家埃舍尔的画记忆犹新，看他的画时，我们会产生怀疑，怀疑自己的眼睛出了问题。

事实上，我们的眼睛没有问题，只是因为埃舍尔的画而产生了视错觉的现象，视错觉属于视知觉系统研究的一个分支：从根本而言，我们对三维世界运动或相对静止的物体的视觉认知，对物体的远近和大小的判断完全来自光、影、形态、质感和色彩信息综合处理的结果。在我们的眼睛获取任何视觉信息的同时，我们的大脑正连续不断地对这些信息进行分析，进而得出各种各样的结论。对于埃舍尔的作品，信息非常复杂，视觉经验无法判读处于矛盾状态下的信息时，认知系统出现暂时性混乱，产生视错现象。

二、照明设计术语

1. 昼光

有价值的自然光是白天的昼光，昼光由直射光和天空光组成。

2. 日照

太阳辐射的能量包括直接通过大气到达地表的直射光和在大气中散射之后从天空到达地表的天空光，前者数量较多，将直射阳光称为"日照"。

日照除了能提供光和热之外，还有保健和干燥的作用，日光中所含有的紫外线可以促进人体合成维生素 D，并具有杀菌的作用；但是日照也有负面影响，它会使室内的家具、绘画、装饰物褪色，在夏天增加室内用于降温的能耗等。

3. 眩光

眩光又被称之为明适应，由于光线在视野中的分布不合理或亮度不适宜，或存在极端的亮度对比，而引起的视觉不舒适感和观察能力的降低，这类现象统称为眩光。眩光是影响照明质量和光环境舒适性的重要因素之一，对人的生理与心理皆有十分明显的影响。

按眩光产生的方式，可分为直射眩光和间接眩光。按眩光对视觉影响的程度不同，可分为不舒适眩光和失能眩光，不舒适眩光使视觉产生不舒适的感觉，失能眩光却能降低视觉对象的可见度。

第三节 照明设计基本原理与程序

一、照明设计基本原理

1. 照明设计的目的

人工照明的目的分为两种，一种为功能性照明，另一种为氛围性照明。

功能性照明的目的是照亮环境，帮助人们迅速地辨识环境的特点。氛围性照明的目的是满足人们审美和情感需求，其衡量标准较为主观，因时代、文化、个体的要求不同而不同。

2. 功能性人工照明的设计要求

（1）提供足够的照度。

（2）避免任何形式的眩光。

（3）防止光污染，降低垃圾光对于人的生理和心理健康的损害。

（4）选择节能、高效、适中的光源。

（5）灯具外形设计需要与空间匹配，不能过于突兀。

3. 氛围性人工照明的设计要求

（1）营造舒适宜人的光环境，避免白光污染和彩光污染。

（2）满足人们审美层面的需求。

（3）创造有利于人际交往、消除紧张情绪的光环境，重视光线对人的心理产生的积极影响。

二、照明设计程序

一般而言，照明设计项目必须经过四个阶段：方案设计阶段、施工图设计阶段、安装和监理阶段、维护和管理阶段，并且，这四个阶段的先后顺序不可颠倒。但是由于照明工程要与建筑或室内工程施工配合，因在实际工程中若干小环节之间会重复，因此，在设计方案阶段，将各个环节的设计工作做得越好，整个工程进展得越顺利。

（一）方案设计阶段

1. 途径

在方案设计阶段，设计者通过以下三种途径推进设计工作。

（1）绘制概念设计草图，包括建筑立面草图、剖立面草图、彩色空间草图等形式，通过这样的方式，帮助设计确定照明方式、光线的分布形式、灯具与空间之间的关系。

（2）制作等比例缩小的空间模型，通常用来考察建筑空间的自然采光特点。

（3）利用照明设计软件模拟照明效果，鉴于利用绘画的方式表现光有一定的局限性，设计者可以借助计算机将想象中的照明效果表现出来，而且可以精确计算出光源的亮度、数量和位置。目前，国际上常用的照明设计软件有 AGI 32、DIALux、Light Star、Lumen Micro、Autolux、Inspire 等。

2. 注意事项

（1）因为不同类型的空间对照度的要求不同，如果在考察空间阶段对空、主的规模和功能性质了如指掌，后面就能事半功倍。

（2）考察建筑或空间的硬件环境。

（3）协调自然采光与人工光的关系。在开始进行照明设计时，设计者已经完成关于自然光的设计方案，从舒适角度和节能角度，设计应重视对建筑空间中自然光的利用。

（4）考虑背景亮度和被照物体亮度之比。

（5）考虑所选灯具的热辐射对周围物体的影响和室温影响。

（6）在考虑照明方式时，应选择合适的方法防止眩光的产生。

（7）平均照度计算和直射照度计算。

（二）施工图设计阶段

（1）在绘制灯位图时，尽可能在图纸上标出灯具的特性、控制线路和开关方式等。

（2）在确定灯具的位置时，应注意灯具与建筑墙体保持一定距离，并注意与吊顶中其他水暖电通设备的关系。

（3）在制定灯具采购表时，要注明灯具的名称、图纸的编号、灯具的类型、功率、数量、型号、生产厂家等信息，因为这个表格除了便于采购灯具，更重要的是方便将来维修与管理。

（三）安装与调光阶段

（1）在绘制灯具安装详图时，以 1∶5 或 1∶10 的比例进行绘制，在图纸上标明所需要的光学控制技术、形状、尺寸和材料等信息，如果灯具与建筑发生关系，一定要在图纸上准确地反映灯具与建筑之间的关系。

（2）在绘制调光指示图之前，设计师应和灯具安装人员进行有效的沟通。调光指示图非常有必要，这张图有利于设计师从整体上协调不同区域之间的照度关系。

（3）请灯具安装人员一定要按照设计师的图纸与灯具清单来进行，如果有问题，可以在图纸上做标记，等设计师来修订。

（4）为确保最终的照明效果达到设计师所预想，设计师应在现场指挥调光。

（5）当设计师要改变照明图纸时，应该提前与电气工程师、建筑师以及现场监督施工的工程师进行商讨，以保证自己的照明设计构思能够变为现实。

（四）维护与管理阶段

（1）制定维护计划是非常有必要的，因为一些通用型灯具的使用寿命可能因维护不当而减少，造成了资源浪费。

（2）在高大空间中的灯具维护起来需要特殊的升降设备，灯具维护人员不仅要清理好灯具，还要学习操作这些升降设备。

（3）应制作一份维护和管理的费用清单。

第四节　城市夜景照明光污染问题及设计对策

一、城市夜景照明光污染问题

（一）夜景照明光污染的特点

1. 主动侵害

处于环境中的光污染往往是不可回避的。道路照明的眩光对司机安全威胁很大，但司机们很难确定它在何时出现，即使预知有，也不易及时采取措施。并且，对于白天的视觉污染，人们可以采用"不看"的办法躲避。但对于光污染，由于夜间的视觉元素对比强烈，人们即使有主观的愿望，仍然是无法躲避的。

2. 难以感知

光是一种辐射。除了高强度的辐射人们能够下意识地做出反应外，大部分紫外辐射、红外辐射都是难以感知的。即使是可见光，由于危害结果具有长期积累性，大多是损伤发生后，才做出反应，对于光污染的感知也是随着人们对它的认识而逐渐加深的。

3. 损害累积

光污染的影响往往是微量的，短期内不会造成太大伤害。但这种危害尤其是生物的损害是具有累积性的，经过较长时间就能显现出来。在有频闪效应的光环境下学习、工作或活动，产生的视觉疲劳，可以在短时间内回复，但长期处于此环境中，则会导致人的视力下降，乃至影响人的情绪。少量紫外射线辐射对人体有益，超过一定的量，就有害而无益。随着这种伤害的缓慢的积累，一旦对人体造成明显伤害，就无法修复。受光干扰的人或动植物，久而久之会导致生物钟的改变，引起昆虫、鱼类的生育不良、落叶期延迟、树木干枯等后果。由于损害的积累性，降低了人们对光污染的警惕。

4. 危害严重

光污染实际是无效光能辐射，这便造成电能的巨大浪费，浪费电能实质是加重了对环境的破坏。对人而言，紫外辐射、红外辐射、频闪、过强光对人眼的伤害往往是不可修复的，甚至还会造成令人致命的癌变。光污染也是造成交通事故的主要诱因，不仅经济损失巨大，还会造成人员伤亡。另外，光污染还可能诱发生态危机。因此无论从社会角度还是从人文角度来看，光污染问题的破坏性都不可小视。

5. 非长期性

光污染和大气污染、土地污染、水污染不同，只要关闭了照明设备，污染过程就会停止。对光污染的防治其实是如何减少无效光和有害光的问题。只要做好有针对性的预防准备，如在规划设计时就考虑可能会产生的光污染，将光污染消灭在源头，它的治理就会显得相对容易。

(二) 夜景照明光污染的危害

光污染的危害划分为三大类：对城市生物圈危害、对城市环境的危害、对城市社会生活的危害。

1. 对城市生物圈的危害

(1) 对人的危害。①生理伤害。主要包括视力损伤、扰乱生理节律、激素分泌失衡、诱发病变等。②心理影响。光污染对人产生的心理影响，既有直接的也有间接的。对于直接影响而言，人们可能都有这样的经验：在缤纷多彩的光亮环境里待久点，会或多或少地感到烦闷、眩晕、易怒等情绪上的变化。这是光污染对心理造成的压力。不恰当的光环境可能会引起人在危险处境里的心理反应，而感到不适。对于间接影响而言，光污染对人生理的影响，也会引起连锁心理反应。最常见的是休息不好和疾病带来的心理压力。

（2）对动物的危害。很多动物的生存繁殖都同光照有直接联系。当它们受到过多的人工光线照射时，它们的生活习性和新陈代谢都会受到影响，有时会因此引发一些反常行为。

（3）对植物的危害。城市当然离不开绿地和森林。随着城市夜景规划建设的深入与完善，城市绿地、都市森林也已成为夜景照明的工程对象。光污染对植物的影响，主要有以下三个方面：破坏了植物生物钟的节律、对植物休眠和冬芽形成影响、对植物繁殖形成影响。

2. 对城市环境的危害

光污染对城市环境的危害大多是以间接形式表现出来，但危害却是巨大的。

3. 对城市社会生活的危害

城市夜景照明在给城市带来光明和美景的同时，也会对正常的城市活动构成侵害，或带来经济损失。干扰视觉作业，危及交通安全，失去城市夜空，成为天文观察的杀手，造成能源浪费和连带性浪费等。

二、城市夜景照明光污染设计对策

1. 基于光污染防治的设计层次

（1）总体思路。光污染防治的总体思路是在满足照明要求的前提下，合理分布城市照明光量，将有害光减少到不对周围环境和人产生危害的水平；并尽可能少用光，提高用光效率。指导思想是减少或消除产生光污染的那部分光线。

由于城市夜景观是照明技术与城市、建筑、景观的有机结合，因此光污染的防治也必然涉及城市规划、城市设计、建筑设计、景观设计、灯具设计各领域，呈现出宏观与微观相结合的多层次格局。在不同层面上，针对不同光污染类型，所采用的方法与手段也各有不同。

（2）基于光污染防治的夜景观规划设计的层次。城市夜景观规划作为专业性较强的专项规划，已经逐步为人所重视，并开始纳入城市规划的范畴中。关于城市夜景观规划设计的理论与方法经过十几年的探索和研究已日渐成熟。一般认为城市夜景观规划设计是在城市夜景观总体规划、城市夜景观详细规划、城市夜景观景点设计和技术设计四个层面上展开，是城市规划、城市设计、景观设计的理论和方法与照明技术相结合的产物。因此，防治光污染的设计策略也应具有类似的层次结构，以下所论及的设计对策也将在此四个层面上展开，并将在各设计层面进行有关光污染防治的补充和修正，以达到完善城市夜景观规划设计体系的目的。

从防治光污染的角度看，城市夜景观总体规划除了确定夜景观特色营造的内涵和光空间总体布局外，还需制定光亮分区、照度分级等标准，从宏观上对不同对象的用光进行总量控制；夜景观详细规划层面，则侧重于区域内夜景观创作对象的筛选，确定合理的照明方式和原则，通过控制该区域总的夜景形态来防治光污染；而景点、建筑的夜景设计则需结合具体条件，从照明设备的选型、安装的角度、位置、投射方向、控制系统等方面，在操作层面防止光污染；技术层面则主要关注光源、灯具、电器与控制系统的合理设计与开发，为无污染的夜景照明提供坚实的技术保障。

2. 第一层次——城市夜景观总体规划

城市夜景观总体规划的主要任务是确定夜景照明的定位，控制夜景观的总体布局，确定实施照明的对象与范围，制定合理的亮度与光色标准，并通过分期保持夜间景观整体美的持续。

3. 第二层次——城市夜景观详细规划

城市夜景观详细规划的对象可概括为道路景观、节点景观、轮廓线、区域标志、滨水景观五个方面。夜景观详细规划的主要任务：一是根据本体景观特点确定夜景照明的配合要求、原则和特色；二是控制夜景照明光照总量与平均亮度水平；三是根据景区内各照明对象的作用与地位，确定照明的主景、对景、配景和底景，并确定各自亮度水平和它们的比例关系、确定合理的照明方式及色调的配置与光色的运用。

4. 第三层次——城市夜景观景点设计

城市夜景观景点设计就是道路、建筑、节点等具体的照明设计。对于此层面的光污染防治可归结为：灯具的选择、照明设施的设置、投射角度与运行时间控制四个方面。在不同的环境下，这四个方面的具体内容也相应不同。

我们已知交通、居住、动植物、城市夜空是光污染直接危害的对象。因此，无论道路、建筑、节点等在实施夜景建设时都将面对上述对象的防治。

5. 第四层次——技术设计

（1）灯具防光污染措施。灯具是光源、灯罩和电气附件的总称。灯具的配光特性和保护角是我们选用灯具的重要依据，科学地选用不同特性的灯具也是避免光污染的有效措施。

（2）施工及安装要求。光污染的防治离不开高质量施工的配合。这里主要强调的是在施工过程中严格按照设计要求进行施工。

由于大多数灯具的角度是在施工时确定的，因此，施工的好坏直接关系到照明质量和光污染的产生。另外，像地埋灯、侧嵌灯、水下灯这样的固定灯具，一旦安装上就很难调整，如果由于位置不当而产生眩光，便会形成长时间的影响。

（3）智能化统一管理控制光污染。对照明进行智能化统一管理，也能对减少光污染。它的主要方法是通过灵活调配照明时间，来合理减少用光量。

第五节　基于空间意向的建筑化室内光环境设计

一、基于空间意向的建筑化室内光环境设计原则

基于空间意向的建筑化室内光环境的设计原则大致可以归纳为：一种通过人工光加以设计来模拟自然采光手法以营造室内向室外空间的延伸。它是建筑的空间意向在室内光环境设计中的回归，它是符合人对于光环境的生理心理的需求的光环境设计。

（一）模拟自然采光的人工照明手法

通过对于中西方室内采光方式的历史与演变的分析与研究，大致可以总结出室内光环境设计手法所遵循的原则，即为借助人工光通过建筑艺术化的设计来模拟自然采光的室内光环境效果。

模拟天窗天井采光：建筑设计里天窗、天井的自然光采光手法在室内光环境中的应用可以说是历史悠久。仔细观察当今的我们生活的室内空间里，一些设计师透过室内吊顶，采用人工光将屋顶大面积照亮，使室内顶部仿佛开了天窗一般。这种照明的手法实际上就是一种天窗、天井的采光方式的人工化模拟。

模拟孔洞采光：有的室内设计师透过在室内顶面吊顶或者墙面上开洞，使得屋顶或者墙面上形成一个人工的凹槽，并用半透光材料笼罩，后面放置灯具。由于半透光材料对于光具有过滤的作用，这样投射出来的光十分柔和，走在室内空间中，让人感觉建筑顶部或者墙面仿佛开了洞口。

模拟缝隙采光：我们经常会见到这样的室内照明设计手法，那就是在屋顶的一侧墙面开缝，在吊顶的上部放置灯具，将整个一侧墙面洗亮；在一扇墙或者是陈设的底部留有缝隙，从下部透出光来，将墙面或者地面洗亮。这些都是以往缝隙采光光的手法。

（二）照明方式

通过对于室内光环境的历史与演变分析，基于空间意向的建筑化室内光环

境的设计手法及形式以间接照明与漫反射照明方式为主。间接照明，室内照明方式中常用的一种形式。间接照明的三要素：第一个要素是要注重光源与受光面之间的距离。如果设计成间隙小的断面形式。就会产生强烈的明暗对比，不自然的光照突显，好像光线未得到扩散。就是说，间隙光是使光扩散、形成渐变等效果的重要因素。第二个要素是注重对光源的遮光方法。在做间接照明时如果直接裸露光源姑且不提，如果是为了遮光而使受光面上出现不舒服的遮光线那么就是一种失败，为了得到理想的间接照明的话，那么就必须要意识到遮光线的存在，考虑好光源的位置和遮光板来进行照明细部的剖面设计。第三个要素是注重受光面的条件。受光的表面做成粗糙（无光泽）是铁的法则。如果做成有光泽质感，不仅光源被映射入内，而且也得不到所希望的照明效果。①

（三）心理学验证

人们对于那种技术化了的均匀的照明方式感到枯燥乏味，容易产生厌倦感。而对于建筑化的，照明方式有层次变化、明暗对比的室内光环境感到欢快、有趣。

大部分人对运用了合理空间照明的室内设计案例照片明显更加青睐，这种营造空间延伸的照明手法的设计方式让人们在认为自己身在其中时会感到更加舒适。

二、当今室内光环境问题的空间意向建筑化解决

本着"光的回归自然"的原则，这与当今室内设计所追求的舒适优美的光环境不谋而合，于是以空间意向建筑化的形式便成为实现这一目的的一种理想的选择。它与传统意义上的"简约"室内风格并不相同，首先空间意向的建筑化室内光环境设计它是一个对光环境设计范畴内的归类，而"简约"是一种室内装饰的设计风格；其次它们的表现形式不同，空间意向的建筑化光环境单纯利用隐藏于墙体其中的照明光源及墙体本身对整个室内空间进行设计，是以营造心理空间上的向外延伸为目的，而"简约"风格则在光上运用较少，更谈不上运用光来营造心理空间向外的延伸。同时他们也有共通性。

它运用"间接照明"和"漫反射"等的照明方式，并运用各种营造自然光在建筑室内的空间延伸为目的的采光手法来实现基于空间意向的建筑化的室内光环境设计。

---

① NIPPO 电机株式会社. 间接照明 [M]. 许东亮，译. 北京：中国建筑工业出版社，2004.

第十三章 城市高架桥环境设计创新应用研究

当今城市交通资源日益紧张，而城市高架桥的建造大量占用城市交通空间，因此城市高架桥的规划与建设必须十分的慎重严谨，因为高架桥本身可作为观赏城市空间景观的一个重要场所，并且高架桥的修建对城市景观的影响也十分重大。将高架桥的环境设计纳入城市高架桥总体规划和生态建设总体框架内，可以将昔日的巨大灰色建筑体开发成市民休憩、娱乐的场所。本章对城市高架桥环境设计创新应用进行研究。

第一节 城市高架桥景观设计概述

一、高架桥

随着城市规模不断扩大的同时，城市人口迅速增加，就业岗位日益向市中心集中，城市中心区的房屋密度、人口密度、就业岗位均达到高度集中，中心区每天的出行人次也大量增加，导致城市交通量不断增长，因此出现交通事故增多、车速降低、交通延迟急剧增加等现象，这就要求寻找比较完善的组织交通的方法，与此同时很自然地出现了多种方式的运输工具协同工作的现象。在层次上不仅有常规的平面街道交通，还出现了诸如高架桥、立交桥、地铁、轻轨等立体交通。

高架桥是为了改善现代车辆交通而架设的空间通道设施。它可能同时容纳多层交通干线，分别供汽车、火车、行人、轻轨车辆穿行和安设管道。它跨越的区域非常广阔，在城市中常以"过境旱桥"或"高架走廊"的形式出现，通过城市广场、道路、建筑、绿地等等，并与城郊的高速公路等连接。高架路作为城市交通体系中的一种常见方式，它则具有运输量大、速度快、安全可靠的优点。在现代城市交通中发挥着骨干作用，能明显提高车速和交通安全，对缓解城市交通压力起到了有效作用，同时城市高架路网的建设也充分体现了一个城市所具有的时代气息，因而它受到许多国家的重视，并得到大力发展。

二、景观与城市景观

（一）景观

景观要素包括三类：景物、景感和主客体条件。其中最为重要的就是在主体（人）与客体（物）之间存在的关系。景观中的审美要素包括点线面、节奏韵律、对比协调、尺寸比例、体量关系、材料质感及明暗、动静、色彩等等，审美要素以它们独有的特征对人的视觉感官形成刺激并产生心理上的反应，有质量的景观总是以它自身的某种审美特征呈现于人的视觉。

（二）城市景观

所谓城市景观（Cityscape or Urban Landscape），目前学术上广义的理解是：一个城市或城市某一空间的综合特征，包括景观各要素的相互联系、结构特征、功能特征、文化特征、人的视觉感受形象及特质生活空间等。广义的城市景观包含人本身的活动，即包含特有的、动态的生活空间的概念。狭义的城市景观，主要强调人的视觉感受的城市形象，强调美学上的特征。

城市景观可以分为如下五个系统：

（1）自然生态系统。包括自然山水湖泊、森林等。

（2）公共开放空间系统。包括城市广场、街道、公共绿地、公园等。

（3）建筑物实体系统。包括重要标志性建筑物、整个街区的沿街建筑所形成的轮廓线。

（4）人文景观系统。包括由人的生存和活动所构成的特定景观等。

（5）城市基底及室外设施系统。包括城市地面铺地、各种公共设施等。

交通空间是城市空间的重要组成部分，在城市景观中占有特殊的地位，它不仅仅具有疏散交通的功能，还是各种各样各具特色的生活场所。然而，随着城市经济的发展，机动车数量的增多，增添了现代交通的复杂性，不仅给城市空间形态提出了挑战，也为其发展提供了新的增长点。

三、城市高架桥景观组成部分

高架桥景观是属于城市道路景观中一种立体景观形式，自身架高形成至少二层的特殊构造，根据其上下层性质的不同，在景观设计中要表达的视觉效果也不同。其主要构成因素有以下几个方面。

（一）高架本体及其附属物

高架桥形成其空间景观的本体性要素。高架桥的线性、形态、方向、朝向、连续性及高架桥的断面形式、路面色彩、底部空间、立柱，同时还包括其附属物、占用物等景观元素，构成这一本体性素的基本内涵。

如高架道桥本体（高架形态、立柱式样、路面材料、色彩等等）；高架附属物（高架路标志、防护栏等等）；高架占用物（电线杆、公共汽车站等等）。

（二）高架桥沿线

指一个空间得以界定，区别于另一个空间的视觉形态要素，也可以理解为两个空间之间的形态联结。高架桥两侧的边界可以是水面（如河川、海岸线等）、山体、建筑、广场、公园、绿地、植物或以上若干要素的组合体。

如沿街建筑物（商业、办公楼、住宅等）；广告牌（小型广告牌、屋顶广告牌、隔音广告牌）；围合屏障（屏、栏、绿篱等）；空地（广场、公园、绿地、河流等）。

（三）高架桥节点

高架桥是有着二层及以上的特殊建筑，其节点主要是指下层空间与道路交叉口，交通路线上的变化点，空间特征的视觉焦点，（如公园、广场、雕塑、滨河等）同时也包括上层道路出入口等。它构成了高架桥的特征性标志，同时也往往形成区域的分界点。

（四）人的参与

人（如步行者、自行车、汽车等）是高架道路中底层空间反复出现的活动内容，是进行高架桥景观设计和控制的对象。如果没有人们参与的道路，其景观是无意义的。而作为交通流量大，行驶速度快的高架上层路面上，行驶者而成为上层景观构成的重要活动因素。对于下层空间而言，影响高架桥景观的因素繁多，对于人来讲，更多的则体现在高架桥本身对人的心理和视觉影响。

四、城市高架桥景观设计

城市高架桥景观设计属于城市道路景观设计的组成部分，景观设计体系沿道路呈带状分布，具有连续性。按高架桥景观设计景观位置的不同，城市高架桥景观设计分为桥上悬挂景观设计、桥荫景观设计、桥体外侧景观设计及立交节点景观设计。

第二节　城市高架桥附属空间景观设计

一、高架桥附属空间的属性

（一）流动的交通空间

高架桥附属空间作为城市高架桥交通系统的副产品，其空间毗邻于城市道路，本身虽然不具备承载交通车流量的实际功能，却因其独特的位置与城市交通空间息息相关，互相影响。高架桥附属空间具备补充城市交通空间不足的优势，在必要的条件下，附属空间可以转化为城市交通空间，缓解城市车流压力。当附属空间具有交通功能时，其利用形式有城市道路、停车场、公交车站、汽车服务站等。

（二）灰色的消极空间

高架桥下附属空间通常被桥体所覆盖，光照不足，有些区域甚至终年不见阳光，是城市中比较典型的灰空间。而高架桥桥体支撑通常为高大的混凝土柱墩，灰暗的基调与巨大的尺度结合形成的空间，容易让使用者感到压抑难受；其边界又毗邻城市街道，因此空间中的活动通常会受到道路中的汽车噪音、汽车尾气、道路粉尘等因素的影响。且高架桥桥下空间长期缺乏整体规划，空间自发利用现象严重，经常会存在乱停车、垃圾堆积、流浪汉聚集等这些影响附属空间整体风貌的现象，对周围城市道路也产生了一定消极的影响。

（三）有潜力的公共空间

城市公共空间主要是城市开放空间，由人工因素主导并具有一定的公共价值。城市中的高架桥一般与居住用地、商业用地等交通较为繁忙的地块相邻，与城市街道空间紧密相连，其桥体与桥墩围合出一个半开敞的空间，在形式上没有明确的边界，桥底下的附属空间与城市街道空间相互贯通，空间较为开放。而高架桥附属空间的形式不尽相同，线性的空间具有连贯性，容易与周围环境产生互动，补充城市道路空间的不足，为行人以及附近居民提供休闲娱乐空间。节点空间具有凝聚性，容易成为城市交通以及人行道路的聚焦点，且空间面积足够大，匝道与桥体之间易形成开放绿地，吸引城市居民在空间中活动。在设计中将高架桥附属空间与城市环境有机结合，通过合适的设计手法塑造出人们可达易达的城市公共空间，满足人们多样化的活动需求，就能为居住在周围的城市居民提供一个遮风挡雨、休闲娱乐的场所。

虽然高架桥附属空间的景观利用存在着各种各样的不利因素，但通过因地制宜地对高架桥附属空间进行利用，结合其自身特点扬长避短进行景观设计，有利于发挥其公共空间潜力。面对日益紧张的城市公共空间以及与日俱增的城市人口，对高架桥附属空间进行合理的规划利用，可以提高高架桥附属空间的利用效率，使其成为真正人性化的公共空间。

二、高架桥附属空间设计要点

（一）基础设施设计

1. 基础设施种类

基础设施的缺乏是很多高架桥附属空间人性化建设中普遍存在的问题。基础设施布置的种类、样式、色彩以及数量等需要根据附属空间的面积大小、功能需求以及文化内涵来确定。高架桥附属空间中所需的基础设施种类较多，如青少年活动设施、休闲健身设施、公共卫生设施、公共信息设施、休憩设施、照明设施、装饰性小品等，其中卫生设施与休息设施是附属空间人性化建设所必需的基础配套，其他基础设施则根据空间的需求而定。

2. 设计要点

（1）休闲健身设施。附属空间中的休闲健身设施如健身器械、运动场地等类别，其设置应从使用者需求以及安全角度出发，根据空间的使用者数量来进行设置，它能够吸引不同年龄层的使用者，提高空间的使用率。休闲健身场所的设置应考虑空间的边界安全以及设施的安全，可在场所边缘放置休息座椅等，其一般设置在居住区用地、公共服务用地旁的高架桥附属空间。

（2）公共卫生设施。附属空间中的公共卫生设施包括公共厕所、垃圾桶等。公厕应设计在附属空间人流较为集中的场地附近，一般一个附属空间配置一个公共厕所，部分面积较大的附属空间也可根据需求增加。而空间中垃圾桶的设计应该与空间场地的主题相契合，造型简洁大方易于清理。垃圾桶的个数应该根据空间的现状决定，线性空间中一般一个功能空间应配备一个垃圾桶，而节点空间中则根据空间的面积大小进行配备。

（3）休憩设施。附属空间中的休息设施包括普通坐具以及辅助性坐具，辅助性坐具是指花池、台阶、树池、矮墙等能够提供辅助休息功能的景观设施，具有经济、实用的特点。休息设施能够为人们提供逗留休息的机会，为空间的活动交往提供机会。其布局的时候应考虑到以下几点：①在人流量较为集中、活动频繁的场所多布置休息坐具，方便使用者观看及休息。②基于边界效应以及"安全感"的心理，应该注重空间边界的休憩设施的布置。③针对空间中不同功能场所进行设施的布局，休憩设施的数量、布局、造型应与空间主要使用者的心理特征、生理特征、需求等相适应。

（4）照明设施。高架桥附属空间夜晚的使用者往往相对较少，其照明设施也相对较为缺乏。而在高架桥中设施相应的照明设施不仅可以满足夜间空间的使用需求，同时也能使空间更加安全。照明设施的布置可以安装在空间顶部既桥体上进行照明，或以路灯的形式存在，或与空间其他设施结合照明。如美国威斯康星州的米迪亚花园（Media Garden）就是将照明设施与休憩设施结合，设计师在大理石材质的坐凳上安装照明灯管，让原本暗淡的高架桥桥下空间变成了光亮的空间，吸引了周围的人们，增添了空间活力。

（5）青少年活动设施。青少年活动设施的设计主要应考虑青少年使用者的活动特点，注重青少年好动、探险的心态，设置与跑、跳、登等主题性比较强的设施类型。此外还应考虑到设施器材的材质、触感、安全性以及桥下空间的边界安全，在空间和活动设施上设置相应的防护措施，并且还应在场地边缘布置相应的休憩设施，以供青少年休息。位于美国的伯恩赛滑板公园（Burnside Skate Park）是波特兰市的城市地标，其原本只是周边滑板爱好者根据自己的喜好在高架桥下创建的一个简易滑板场，后来城市设计师根据现状设计出地形起伏的场地，使得其变成一个真正的滑板公园。

（6）装饰性小品。空间中的装饰性小品如景墙、雕塑等，这些装饰性小品有助于创造文化性、艺术性的空间。装饰性小品的设计可以根据空间的实际情况，可以以色彩鲜艳的小品来调和空间灰暗的色调，可以用具有象征意义的小品来表达空间的主题，也可用不同材质小品的对比来体现空间的质感。

（二）植物种植设计

1. 绿化功能

在高架桥附属空间中，可以根据空间的不同类型、功能进行绿化的种植配置。绿化种植在空间中有以下功能：①在空间边界进行植物种植，可以围合桥下空间，保证空间边界的安全。②利用植物分割空间，形成不同的功能场所。③绿色植物能够吸收汽车尾气，滞纳空气中的粉尘，在一定程度上还能够降低空间噪音，具有良好的生态效益。

2. 树种的选择

福州市高架桥附属空间中的树种一般选择耐粗放管理，以耐阴、半耐阴植物为主，也可根据空间的造景需求选择开花、有季相变化的植物品种。地被植物可选择马尼拉草、麦冬、鹅掌柴、蜘蛛兰、蜘蛛抱蛋、龟背竹、茉莉、鸳鸯茉莉、冷水花、鸢尾、吉祥草、六月雪等，灌木植物可选择海桐、山茶、散尾葵、茶梅等，而乔木可选择桂花、南天竹、杜英等，耐阴的攀缘类植物可选择凌霄、五叶地锦等。植物种类应根据空间中的光照强度以及景观构造需求进行选择，当桥体高度较低时，光照条件较差时主要选择耐阴植物，而桥体较高的空间以及桥下空间的边界可以选择半耐阴、稍喜阳的植物。

第三节　基于光环境的城市高架桥下桥阴绿地景观营建

一、桥阴绿地自然光环境构成与特征

（一）直射光

直射光是指直接来自太阳且辐射方向不发生改变的辐射。太阳是地球最主要的能量和自然光的来源。它是一个表面温度高达 5900℃并不断以辐射形式向外传递能量的灼热球体，这种能量辐射通过电磁波的形式投射到地球表面便形成了光。

（二）漫射光

漫射是指被大气反射和散射后方向发生了改变的太阳辐射，由天空散射辐射和地物反射光组成。全阴天、多云天的自然光大多是太阳的漫射光。

（三）反射光

桥阴自然光来源可能属于漫射光，也可能属于直射光的反射，主要是周围环境将太阳光的直射光或漫射光通过光滑的表面将光反射到桥下空间的光源。桥体周围有很多的玻璃幕墙建筑、水池等物体，则会很容易通过镜面反射作用将直射光或漫射光反射到桥阴下，这是一种可利用环境为桥阴增光的手段。

二、桥阴绿地景观设计策略

（一）桥阴绿地景观总体策略

1. 宏观层面

（1）政策与管理。明确规定哪些地段坚决不能建、哪些地段宜注意合理性建设高架桥。对正建或拟建的高架桥在布局、走向、形式、周围环境影响等方面考虑桥阴绿地一体化设计的布局形式、桥下景观特色营建策略，保证桥下绿地的采光要求，特别是控制性规划层面应该界定出不适合设置高架桥及其下绿地以及不要强行绿化的地段。对非适生区提出指导性建设意见。

政府积极引导，社会力量共同参与管理。城市公共空间的真正主人是生活在这个城市、经常使用这些公共空间的人们。积极的桥阴绿地景观营建需要公众的共同参与，群策群力，才能建出真正符合这块场地使用者真正需求的景观模式，尤其是可进入的桥阴活动场所更人性化、合理化。

建成的桥阴绿地景观维护管理还需要对人们进行实时、生动、有效的宣传教育，使其自觉不乱踩踏、损毁相关苗木与设施，同时还可以发动社会力量组成高架桥下桥阴绿地管理队伍，建立公共服务设施，防止类似流浪者的栖宿地、少数不法分子的聚集地、少数不文明人群的排泄场地、甚至少数"冻死桥下"的悲剧发生。

（2）规划建设。高架桥下公共的桥阴绿地空间可以很好地提供承载和展示城市文脉延续的场所空间。城市规划师、风景园林设计师、高架桥设计者可以通过宏观、中观、微观三个不同层面从历史、传统中挖掘城市文化和创造新的城市文明。在城市空间快速演变的今天，人们的心理在不同程度上存在一种文化失落感，而具有地方特色和古典情调的环境景观作品可以在一定程度上弥补人们的这种失落。每个城市都有一本自己厚重的发展史，规划设计者们可以通过大量的调研、分析工作，对城市的历史演变、地方文化传统、市民行为心理特质、社会价值取向等进行全面、深入的分析，取其精华，去其糟粕，并融入现代城市生活的新功能、新要求，形成新的城市文化和城市风貌，让其在城市空间演变保持时间上的连续性。

2. 微观层面

（1）高架桥建设。①应注重高架桥主动导光设计、桥下高宽比的处理、桥阴绿地结合周围环境的一体化利用途径等。②针对不同的桥下空间光环境特征、周边环境特点布置相应的绿地景观，尤其是引桥端。③施工建设层面则应该在桥下土壤改良、给水设计、植物品种选用及布局等做到符合桥下光环境及生境特征。

（2）植物运用。①更多适生植物的筛选和利用。在充分筛选、挖掘和利用当地适生桥阴植物外，还可以兼顾如典型的固氮豆科类植物适生品种运用，可以为土壤改良、增加有机质含量带来好处。②分步骤营建良胜桥阴绿地生态小群落。营建桥阴绿地植物景观时，可以考虑种植的空间梯度、时间梯度关系。避免采用通常的"一步到位""满铺满种"园林绿化做法，而是考虑桥下第一年栽种一些一年生先锋性草本、地被类植物，改良土壤的微环境，第二年再以灌木为主，草本、藤本为辅，第三年、第四年完善栽植，这样有步骤、有计划的栽种，使得桥阴绿地植物形成一个较稳定、可持续的耐阴小生态群落系统，可以更少依赖于人工管理，节约养护成本，发挥更大的生态效益。③做好良好的水肥管理。"三分种，七分管"。高架桥立地条件特殊，绿化的养护管理难度非常大，技术要求也高，养护队伍的选择和制定都应该有专门的要求，如果跟露地绿化管护一样处理，则会造成植物生长不佳的问题。水管理是难题，高架桥的遮蔽使桥下雨水大量被屏蔽，仅桥侧下方绿地中有部分雨水的飘零，这对桥下绿化植物的生长带来挑战，采用节水灌溉、人工喷灌系统定期浇淋、高架桥及旁边道路雨水收集、净化及浇灌，有利于桥下水分充分供给，保证植物生长需求。

城市绿地土壤及高架桥下土壤问题主要有来自交通废气、废液带来的重金属污染，塑料制品、表面活性剂等有机污染，以及建筑垃圾、城市垃圾、人们踩实、人工设施等特殊污染，厚度有限，肥力低下，土壤有机质含量少，碱化现象严重。可以采用客土、换土、石灰、有机物质等改良剂、植物吸附降解土壤中重金属；增施有机肥降解土壤有机污染，其他特殊污染、固体入侵、人为干扰等主要采取管理手段和实时移走的方法降低桥阴土壤的干扰。

（二）桥阴适生区植物景观营建要求

桥阴绿地通常有全幅式、中间分车绿化带、两边分车绿化带三种形式。现有的桥阴绿化种植大多采取一般道路绿化的形式进行成片种植，在光照较差的位置必然导致植物生长需光不足，降低植物对环境的抗性，同时景观单调，不容易形成更丰富的植物景观。探讨桥阴下基于光环境特征、品种多样的绿化植物配置模式，不但可以提高景观效果，更符合不同植物的生态要求，进而最大限度地发挥桥阴绿化植物的生态效益。

桥阴环境中，适生区的分布总体上可划分为 3 个区域，即桥中（北）、桥端低光强的阴性植物种植区、桥边少量高光强的阳性植物、中性偏阳植物栽种区，以及介于两者之间的中性偏阴植物栽种区。不同的桥下净空、周边环境对桥阴下这三个区域的平面形状、面积大小影响各不相同。这种桥阴光照分布格局应在绿化植物配植过程中充分虑及，真正地做到适地适树，有益于桥下绿化景观的合理营建。总之，桥阴绿化植物配置应遵循以下要求。

（1）安全要求。道路中的高架桥下桥阴空间大多属于道路用地范畴，即人和车的共享空间，是定向的交通活动和不定向的人群活动的统一体，桥阴绿地的绿化植物应保持桥阴空间的视线通畅，满足低视点的小汽车驾驶员安全行车视线要求。在道路拐弯处，植物种植以低矮为主，或进行退让处理。拐弯、出口之前的对景位置宜设置标示性较强的异质景观处理，提醒司机注意并形成很好的交通引导。

（2）景观丰富度要求。高架桥下桥阴空间是一个长度远大于宽度的狭长条形暗光环境空间，桥阴绿地因植物的栽种更强化了这个狭长线性空间的特征。桥阴绿地在凸显其良好的方向性和流动性特征的前提下，应注意利用桥阴植物打破其同时带来的视线过于紧张、单调、重复的视觉效果，形成许多形态、性质、功能各异的空间景观序列，增加桥阴景观的丰富度。

（3）凸显特色要求。高架桥下桥阴植物应用宜彰显个性，避免"千桥一面"的配置方案和植物品种应用。每座高架桥下的桥阴植物能结合各城市街区、各条街道、所经地段环境、桥体构建特征等特质内涵进行对应的品种搭配和组合，使得各高架桥下的桥阴绿化景观有标识性、内涵性。如武汉市三环线上的诸多高架桥经过很多开阔绿地、郊野环境，且均为全幅式桥阴绿地，无须考虑桥下交通干扰，其下绿化则可以有更宽松和自由处理模式，满足人们的使用需求。

（三）桥阴绿地非适生区景观营建

城市高架桥下的桥阴绿地除了植物适生区域外，还有部分空间不能满足植物的正常生长光需求，即该书定义的非适生区。这些空间主要集中在引桥端、桥下正中、墩柱旁，其营建需要采用非植物绿化的手段，兼顾与植物景观的协调的同时，兼顾生态、社会、经济、文化等其他综合功能，更有助于提升桥阴绿地景观质量。

1. 营造主旨

（1）保证安全。兼顾结合周围不同环境特征进行合理设置，突出场地特性。在有道路交通的桥阴下，非适生区景观营建同样要兼顾交通安全的基本要求，保证司机有足够的安全视距，尤其是桥下有道路出入口、转弯的位置在不遮挡视线的前提下，还需有明显、鲜艳的特色指示性标志物，以指引行车方向，使司机有安全感。

（2）赋予文化和科技内涵。非适生区景观的元素主要为非植物元素，其一旦设定，常会固定不变，随着现代社会科学技术的不断进步，材料的耐久、美观、新颖要求也不断提高，如环保灯具、电子监控、自动浇灌装置等，非适生区的景观应该在造景中突出这些要求，同时能赋予景观一定的地方文化内涵，使之成为当地历史文化的有效传承载体和场所空间。

（3）兼顾经济、生态、环保等综合效益。非适生区景观的营建需要利用非植物材料，即大部分为人工材料景观，这需要在设计和应用中充分把握其低碳、环保、经济节约、可持续、循环利用等要求，凸显经济、生态、节能环保的新要求，兼顾经济效益、社会效益、文化效益、生态效益、景观效益、教育意义、展示意义等多重综合功效。

2. 营建元素

非适生区景观元素按质地可分为软质景观、硬质景观两大类：①软质景观元素主要有水体、软质小品（如布幕、横幅、扎纸、海报等）、光影等。②硬质景观元素主要有：市政设施（如给排水设施、绿地浇灌设施、变电箱、弱变电站）、建筑、装饰雕刻、宣传广告（灯箱广告、大幅户外广告）、景观灯、山石、临时设施、静态交通设施、铺装等。

3. 营建方式

（1）铺装处理。引桥端、低净空位置，或桥阴下需要解决停车难问题的地段可硬化后做自行车、摩托车、小汽车的停车位，或做沙石透水铺装景观。

整体硬化铺装的色彩、质地、形状等视觉效果应给人明快、舒适、质朴的感觉，铺装材料应根据用途不同分别对待，作为人行、停车（机动车、自行车）、站台利用则需要有足够的压弯强度，耐磨耗性大，无褪色性，无其他不良性和冻结破坏性，且平整、不易打滑，晴天不反光。铺装的表层材料主要采用浅色材料，有混凝土、预制块材如砖、石、混凝土等。为了增强桥下铺装的色彩效果，可以用彩色预制混凝土铺装。

在周边人流停留和车辆存放需求不大的高架下，可以设置鹅卵石、细沙石做成枯山水景观、沙石铺装等形式，或用木屑等非整块材料形成桥下透水铺装的形式。沙石质朴的景观效果可有效妆点引桥端、桥中的非适生区空间景观，同时还可增加桥阴土壤透水透气性。木屑还能有效改良桥下土壤的结构和疏松程度，增加桥下土壤有机质。

（2）设施景观。①装饰。市政设施一般都是以白色立方体的"方盒子"大众形象呈现，在适宜生产、满足基本使用功能的前提下，可以尝试进行艺术造型处理，让其自身就成为一件难得的公共雕塑艺术品，彰显城市文化、科技、技术的综合魅力。或统一用鲜艳美观的图案进行整体装饰，便于识别，景观效果良好。②色彩。目前，高架桥空间色彩现状突出问题是高架桥本身的色彩和环境缺乏联系。国内的高架桥体多以混凝土的本色示人，它体量巨大，跨度长，对城市色彩构成带来不良影响。适当的色彩处理可以起到一种有效的装饰效果，过于花哨绝丽的色彩又会产生视觉干扰，所以桥体色彩需"有度"。③亮化。桥阴绿地夜晚灯光景观是软质景观中一个具有魅力的光影景观元素。桥阴夜晚灯光景观可以改变人们对桥阴绿地白天过于"阴暗"、压抑的总体印象，甚至可以让桥阴空间对人们产生更新奇的吸引力。桥阴绿地夜晚灯光景观是一种值得推敲的营建元素。首先，它跟道路、桥梁照明功能不同，不用承担道路交通车行安全照明功能，主要属于园灯照明，起着氛围渲染和装点环境作用；其次，需要结合绿地功能和特点配套设置，以服务行人和场地使用者为主，不形成眩光或过于暗淡，不能干扰司机视线，并不扰乱植物正常生理特征为前提。

桥阴绿地夜晚灯光照明主要是用来照射植物、桥墩柱、场所、小品、设施，提高人们夜晚对绿地的视觉功能，美化环境同时还能对人们的感情、情绪发生影响，同时还具备安全、提醒作用，总体以藏、小、实用、节能为原则。桥下夜晚灯光的亮化，主要以墩柱投光器向上照射为主，重点可以突出墩柱的轮廓，同时梁底部反光可以为桥阴空间增加照度，但不同灯光颜色、亮度都会对桥阴绿地植物有不同影响，这个课题有待今后深入地研究。

参考文献

[1] 常怀生．环境心理学与室内设计［M］．北京：中国建筑工业出版社，2000.

[2] 陈存良，李良安，李全红，等．风景园林在城市发展中的作用探讨［J］．河南林业科技，2009，29（3）：75-76.

[3] 陈正俊，张彝，张蓓蓓．设计概论［M］．上海：东方出版中心，2008.

[4] 董万里．环境艺术设计的特征和设计原则［J］．云南设计学报，2003（3）：19-22.

[5] 何晓佑，谢云峰．人性化设计［M］．南京：江苏美术出版社，2001.

[6] 蒋泽芹，顾玉辉．浅析人性化在室内空间设计中的应用［J］．大众文化，2015（6）：11-115.

[7] 李保峰，李刚．建筑表现技法［M］．武汉：湖北美术出版社，2007.

[8] 李皓，弓弼，樊俊喜．浅谈人性化景观设计与城市公共空间活力营造［J］．安徽农业科学，2008，36（10）：4067-4069.

[9] 李立芳，胡献雯．设计概论［M］．哈尔滨：哈尔滨工程大学出版社，2008.

[10] 李立新．设计概论［M］．重庆：重庆大学出版社，2004.

[11] 连剑．商业建筑的下沉式开放空间研究［D］．广州：华南理工大学，2015.

[12] 马建业．城市闲暇环境研究与设计［M］．北京：机械工业出版社，2002.

[13] 倪苏宁，黄健．室内环境艺术设计［M］．郑州：河南美术出版社，2009.

[14] 牛帅，李青宁．城市高架桥特点及分类［J］．山西建筑，2008，34（28）：3-4.

[15] 钱凤根，舒艳红．设计概论［M］．广州：岭南美术出版社，2004.

[16] 钱健，宋雷．建筑外环境设计［M］．上海：同济大学出版社，2001.

[17] 钱健．建筑外环境设计［M］．上海：同济大学出版社，2001.

［18］谭景，康永平．设计概论［M］．天津：天津大学出版社，2010．

［19］屠曙光．设计概论［M］．南京：南京师范大学出版社，2009．

［20］王东辉．景观设计［M］．北京：中国建材工业出版社，2009．

［21］王东辉．室内环境设计［M］．北京：中国轻工业出版社，2007．

［22］王建国．城市设计［M］．南京：东南大学出版社，2011．

［23］王平．从可持续发展的角度对城市滨水景观设计的研究［D］．广州：广东工业大学，2011．

［24］王绍强．创意空间［M］．广州：岭南美术出版社，2002．

［25］王晓俊．风景园林设计（第三版）［M］．南京：江苏科技出版社，2009．

［26］王烨．环境艺术设计概论［M］．北京：中国电力出版社，2008．

［27］吴家骅．环境设计史纲［M］．重庆：重庆大学出版社，2002．

［28］谢宁宁．浅谈室内设计的"人性化"问题［D］．石家庄：河北师范大学，2010．

［29］辛艺峰．建筑室内环境设计［M］．北京：机械工业出版社，2007．

［30］熊建新．现代室内环境设计［M］．武汉：武汉理工大学出版社，2005．

［31］许平，潘琳．绿色设计［M］．南京：江苏美术出版社，2001．

［32］薛彦波．高架桥下空间利用的限制与挑战［J］．城市环境设计，2008（3）：29-31．

［33］于国瑞．色彩构成［M］北京：清华大学出版社，2007

［34］曾驰．生态学视域下的城市滨水空间规划设计研究——以吉安市后河下游段为例［D］．南昌：南昌大学，2014．

［35］张建．水系对成都城市景观格局的影响研究［D］．成都：西南交通大学，2015．

［36］章俊华．居住区景观设计［M］．北京：中国建筑工业出版社，2001．

［37］章玲．结合城市地下空间利用的下沉广场设计研究［D］．重庆：重庆大学，2011．

［38］赵军．环境艺术设计基础［M］．天津：天津人民美术出版社，2001．

［39］赵农．设计概论［M］．西安：陕西人民美术出版社，2000．

［40］中国城市规划学会．商业区与步行街［M］．北京：中国建筑工业出版社，2000．

［41］周岚，等．城市空间美学［M］南京：东南大学出版社，2001．

［42］周立军．建筑设计基础［M］．哈尔滨：哈尔滨工业大学出版社，2003．

［43］朱钟炎．室内环境设计原理［M］．上海：同济大学出版社，2003．